职人心传 软式面包

黄宗辰

海峡出版发行集团 | 福建科学技术出版社
THE STRAITS PUBLISHING & DISTRIBUTING GROUP | FUJIAN SCIENCE & TECHNOLOGY PUBLISHING HOUSE

作者序

回想起二十年前，因放弃升学而懵懵懂懂地开始面包学徒生活

一路走来跌跌撞撞，也曾迷失自己未来的方向，在 2012 年时，与太太一起创立了自己的面包店——“WUMAI 手感烘焙”，开店至今历经了许多的考验与磨炼，但我仍相信这些考验与磨炼，对于自己的现在及未来都是一剂良药。

面包对我而言不止是面包

面包教会了我做人处事的道理，因为面包，我人生的视野更开阔，面包也成为了促动我人生前进的动力，因为面包是具有生命力的。

通过这本书，我想跟大家分享多年来累积的面包制作技巧与配方的配比，借助此书找回自己的初衷，再度燃起对实现人生目标与梦想的斗志。逐渐地，一步一脚印地，完成自己对于人生的美好规划，与大家共勉励。

推荐序

骅珍食品 经理 简心树

看着宗辰从学徒成长至今，也经历了二十多个年头。学徒时他就用扎实的学习态度及责任感，一步步累积实力，现在他也自己独立创业，甚至在2015年的“亚洲城市面包大赛”上一举拿下冠军殊荣。身为宗辰的第一位面包师傅，我也深深被他负责认真的态度与精神感动。

我在宗辰身上看到的，并不是他在舞台上光鲜亮丽的一面，而是他私下对于人生的态度也是如此尽责，“一生悬命”的职人精神，说的就是他。时光转瞬即逝，他不知不觉间成了前辈，独当一面的他，不吝啬对后辈的提携，甚至在技术上的分享都是无私的。

一本书的诞生，相信少不了他在背后的默默耕耘，一笔一字地写出来，也正是因为宗辰坚持不放弃、负责任的态度，本书才得以诞生。我诚挚希望本书能让大家深深体会一位技术者所呈现的“正确观念、积极态度与谦卑的学习心态”，这是本书饱含在文字底下宗辰最想传达的意境，相信也会让大家有所收获与启示。

麦之田食品 林忠义

我从十五岁开始学做面包，到当兵回来，就当面包师傅了。做一位面包师傅最重要的就是精神！做出一个面包是简单的，但做出一个会让人感动的面包是不容易的。做出好吃面包最重要的因素是一份态度和精神，也是一种荣耀感，我常说：“宁愿丢掉一盘面包，也不要失去一位客人。”在宗辰师傅身上我看到了这种精神，也希望所有的烘焙人都有这种精神，做出让人感动和安全的面包。

在这日新月异的时代变迁中，如何在旧有的基础上突破创新，为面包注入新的活力与养分，成为现在最重要的课题。面包不单单只是面包，它可以是儿时回忆的点点滴滴，可以是中年时期的早餐及美味的下午茶，也可以成为年老时养生的美味佳肴，其实我们面包师傅最想看到的莫过于客人们看到面包时，眼睛里闪烁着微光及垂涎欲滴的神情。最后希望本书畅销，我们怀抱着对未来的憧憬与渴望，将更上一层楼地为烘焙界注入新的元素及能量。

文世成

认识宗辰师傅已经十余年了，当年的他就对烘焙充满热忱，求知欲非常强烈，唯一的兴趣就是学习烘焙，且乐于分享，从不吝将烘焙的专业知识教给学生及朋友，让更多人学习专业的烘焙及享受烘焙的乐趣，我也由此看到宗辰师傅对烘焙分享的付出与执着。

宗辰师傅协助过许多烘焙业者开店及研发产品，均获得业者的肯定，参与大兴烘焙比赛也获得金牌佳绩，在烘焙专业上的天赋与成就是众所皆知的。

“面包是有生命的”，每位师傅的工作态度都会影响产品最终的味道及口感，而烘焙师傅对烘焙的热忱也能通过面包传递给每位消费者，好的东西，无需多说，一吃便知。通过宗辰师傅的这本书，希望能唤起更多人对美味面包的热爱，书中有许多融合创意手法的精湛分享，相当值得大家收藏，如果你想让你的烘焙技术更精进，那么这本书绝对不能错过！

全统西点面包 厂长 陈明天

认识宗辰至今七年多的时间，他由一个面包师傅转战至创立烘焙店，在2015年参加亚洲城市面包大赛，不负众望获得冠军殊荣。比赛过后，他的身体突发异常，也休息了两年时间，但他未曾放弃过一个面包师傅应有的态度与精神，在无数次困难的洗礼下，五年后再次写出面包制作书。期盼这本书能让喜爱烘焙的朋友们，找回当年做面包的初衷。

台湾烘焙产业发展协会 会长 马寿山

我眼中的宗辰，在年轻一辈的烘焙师傅中，是真的可以为了圆一场烘焙梦而不要命的执着师傅。他忍着腿伤的痛，只为了在比赛中绽放光芒。这样的信念与坚持，在当今社会中实数难得。

“烘焙”是他的全部，更是传承与奉献社会的一种生活态度。不论是自己经营面包店，只为了给消费者提供更健康好吃的面包；抑或是代表台湾地区师傅的荣耀，在世界各地教学，生活中的一点一滴，都成就了现在的宗辰。大家眼中的宗辰，相信是一位热情、无私、专业的烘焙 Youtuber（视频网站博主）。在无国界的网络中，一个步骤一个步骤地教学，细心且幽默，让每个人都能够轻松简单地进入烘焙的美好世界。

很开心历经五年后，宗辰再次发行新书，你可以把它当成教科书，也可以把它当成宗辰的人生心路历程。因为一切都浓缩在这本大作中，等待着各位去发掘此间的珍贵宝藏。

馬壽山

台湾烘焙产业发展协会 面包技术总监 萧文政

我与宗辰已认识好几年，能感受到他是极度追求烘焙观念优化、热衷钻研烘焙技艺的一位奇才。宗辰在年轻一辈的烘焙师傅当中，算是难得一位全方位型技术精湛的大师，不仅是比赛型选手，还是坚持信念的匠心职人。他在 2015 年出征亚洲城市面包大赛获得冠军，成为了世界各地知名品牌、烘焙教室争相聘请的名师顾问，同时他自己也经营着知名烘焙店，可看出宗辰对烘焙的用心、努力与坚持，他也很乐意把自己这二十年来所钻研的技术所学，无私地与大家分享。本书酝酿五年，宗辰再一次把面包师的专业观念和多年累积的经验汇总集成，将精彩多样的作品和专业实用的配方分享给热爱烘焙的朋友们。强烈推荐，本书值得拥有和收藏。

蕭文政

铁能社 社长 林素敏

真正认识黄宗辰师傅是在 2017 年的鸟越制粉，我们同为日本短期留学烘焙基础研修班第十一期学员。他身为台湾地区烘焙业界知名师傅，却愿意接受重新回到原点，坚守初心的诚恳态度难能可贵。热爱自己选择的职业，同时不断挑战可能的“可能”！

通过宗辰师傅的心及双手，将古往今来的甜面包呈现出来，着实令人感到他朴实之心，诚挚推荐。

林素敏

Lilian's House 经理 许金谚

记得在 2017 年我们烘焙教室成立时我认识了宗辰师傅，与他详谈后，我对他有了另一层面的认识。

我常说，一个人要成功并非侥幸，每一个人总有偶发感觉人生达到极限的时候，但在深思熟虑后，又会发现原来上面还有继续成长的空间。宗辰师傅就是在这一次又一次的成长当中突破自我，面对困难以乐观态度正面迎击，克服瓶颈、不断调整自己正向思考，为他所订的目标努力，让自己成为一个身经百战的烘焙职人，他对面包的执着令我相当敬佩！

现在宗辰师傅再度出书了，他将平时制作面包的手法、技巧与诀窍在书中无私地与读者分享，值得大家收藏。

許金諺

马来西亚马六甲凯尔文烘焙坊 傅伟程

在一次面包讲习会上认识了黄宗辰师傅，第一次的接触，让我深刻感受到黄师傅制作面包的扎实技术与对制作面包细节的坚持，无论味道或是产品设计都毫不马虎，同时他精益求精，经常前往日本进修面包理论，让自己的面包技术能更上一层楼。

作为本店面包技术顾问的黄师傅，让我们不论在产品或是生产流程上，都获益良多。他是一位非常优秀的面包师傅，会毫不保留地通过味觉品尝和纯朴扎实的视觉美感，展现对于面包制作的忠实热爱，通过本书，相信会有更多人和我一样体会到味觉感动，也希望更多人能拥有这样一本有价值的书作为传承。

傅偉程

新北市糕饼商业同业公会 第十八届理事长 吴永茂

宗辰师傅为人平实、好交朋友，有好友相聚总热心参与，深受糕饼同业肯定。他常协助业者进行产品创新及技术研发、配料突破的工作，对面包制作的专业技能具有独到见解，所生产的面包无论在口感或质感上都有独特的风味，深受大众喜爱。今欣逢宗辰师傅新书发表，特表敬贺，深感大众有福，愿本书能协助您成为明日面包之星。

2015 年法国世界面包大赛冠军 陈永信

在 2014 年末，认识了宗辰师傅，那时他正准备挑战亚洲城市面包大赛，在准备过程的练习中，可以感受到他对面包严谨的态度。他的作品别具匠心，同时也散发出无比的自信与魅力，宗辰师傅对于烘焙有着无限的热情与执着，时刻钻研各种食材的搭配与制法，只为创作出更具创意且美味的面包。本书非常适合烘焙爱好者，喜爱面包的你，一定也会陷入其中的面包魅力中，它值得您收藏。

塞纳印象集团旗下真麦粮品 总经理 王鹏

每个人从成长到成功的路上，都是孤独的。而通往成功最重要的事情，就是找到那个支点，并集中所有精力去突破它。

当我们静下心来细细考虑，我们耳熟能详的所有成功者，大多都是能在一个领域里深耕并不断坚守的人。

他们有些共同特点：只做自己擅长的事、只选一个感兴趣的领域，无论身边有多少诱惑，都不为所动。

黄宗辰师傅就是这样的一个人，一个专注在烘焙领域坚守深耕几十年的烘焙人，我们真麦粮品品牌的行政主厨，也是我的好朋友。

喜闻出书，极力推荐，几十年的匠心，值得大家收藏！

伦敦铁具模具行 许钟霖

因烘焙赛事，而有幸结识黄师傅。于过程中得以窥见，感受他之巧思与作品之细腻，今喜见他借此书，不吝分享于同业，内容不失为后进参考学习之佳作，亦有裨益之助，本人亦深感荣幸，在此为此书引荐于业界。

新加坡面包西点商公会 副总务长 Sam Lee

我第一次见到宗辰是在 2015 年，在台北市糕饼商业同业公会所举办的亚洲城市面包大赛上，我担任新加坡的带队教练，而他是代表台北的参赛选手。

他在比赛作品中展现的勇于突破的勇气与创新得到了评委们的青睐，使他获得了冠军。

在那之后我们有多次的接触与合作，有时他会担任台北队带队教练到新加坡参加比赛，或是他受邀至海外面包示范会，与我进行面包技术上的交流。

他是一位非常谦虚的面包师傅，对于面包的热爱和乐于分享一直激发着热爱烘焙的同业与新进们。在此，我致上最真挚的祝福，祝福他新书大卖，并继续分享他对烘焙的热情。

Vita Dolve 赖竑维

回想十多年前，与宗辰在一起学习烘焙，不知不觉就到今天了，2015 年宗辰成为亚洲城市面包大赛冠军，看得出他对烘焙的热爱，同时他也成为许多国家聘请的面包技术顾问。

宗辰对烘焙的热情与技术钻研，使他创作出各种创意美味的面包料理，在本书中，他将多年的专业技术与实用配方全都不藏私地分享给爱烘焙的朋友，强烈推荐，值得收藏。

目录
Contents

PART 1 面包那些事

Once upon a time 从前从前

PART 2 一起做面包

Mile One 第一里路

Mile Two 第二里路

Mile Three 第三里路

Mile Four 第四里路

Mile Five 第五里路

Mile Six 第六里路

WUMAi

Part 1

面包那些事

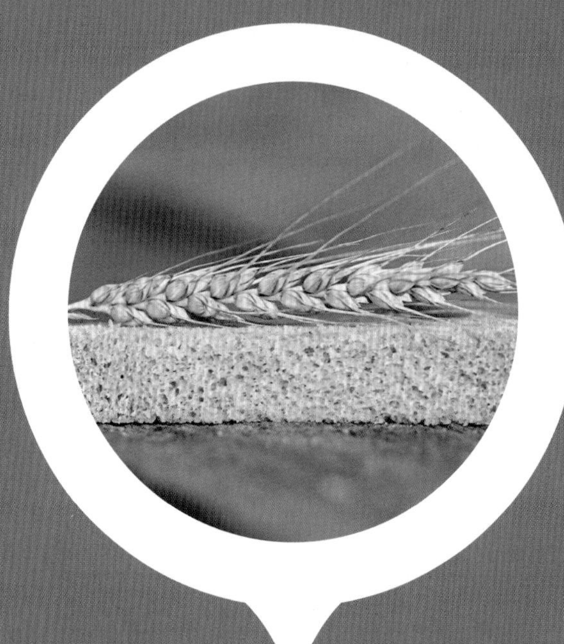

Once upon a time

面包的历史

面包是由麦类磨粉、制作后加热而成的食物。新石器时代有了种植业及畜牧业，人类开始利用石块碾碎谷物，并将其与水结合成类似粥状的食物。约五千年前的古埃及，人类发明利用大麦发酵制成的啤酒，并将榨出的啤酒酒渣加以利用，加入小麦粉混合拌匀，从而得到发酵面种，面种再经由火烤，从而膨胀，就诞生了面包。

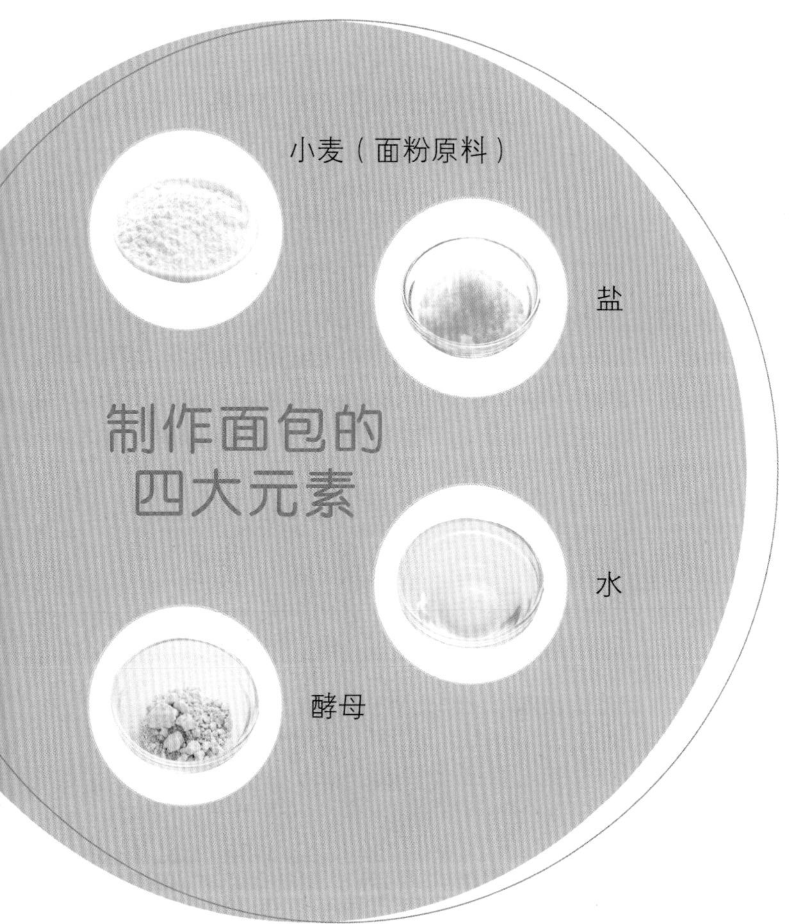

小麦（面粉原料）

面粉以蛋白质含量的多少来区分筋度。蛋白质含量11.5%以上称为高筋面粉；13.5%以上称为特高筋面粉。制作不同属性的面包会使用不同蛋白质含量的高筋面粉。

小麦内蛋白质可分：

① 麦谷蛋白
② 醇溶蛋白
③ 酸溶蛋白
④ 白蛋白
⑤ 球蛋白

①~③较不溶于水；②~③碰到温水会互相黏聚在一起，我们把这个黏聚的组织称为“面筋”。

酵母的任务

① 促进生成二氧化碳，帮助面团发酵膨胀。

② 帮助面筋熟成，增加面团弹性。

③ 酵母会产生酒精、有机酸、无机酸，使香气增加。

水的任务

水是促进面筋形成的重要媒介，将水加入面粉中揉制，不仅能起到润滑、糊化的作用，还能促进面团活性，增加面团的弹性与黏性。制作面包的水酸碱值最好在6~7，微硬水最适合。

盐的任务

① 风味上的呈现与调整。

② 使面筋产生紧缩作用。

③ 调节、控制发酵速度。

④ 防止发酵中面团细菌的繁殖。

“附属材料”对面团的作用

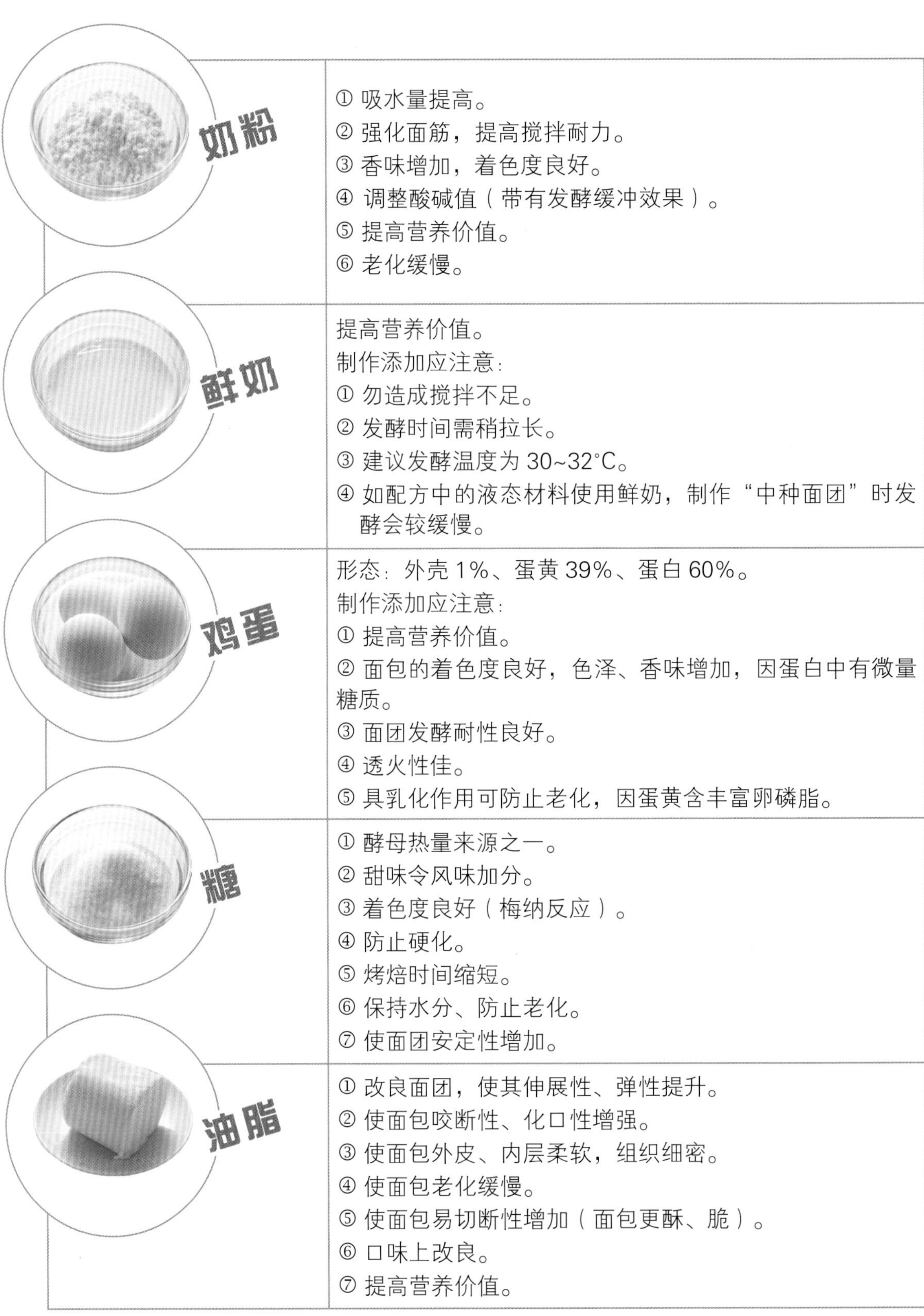

奶粉	① 吸水量提高。 ② 强化面筋，提高搅拌耐力。 ③ 香味增加，着色度良好。 ④ 调整酸碱值（带有发酵缓冲效果）。 ⑤ 提高营养价值。 ⑥ 老化缓慢。
鲜奶	提高营养价值。 制作添加应注意： ① 勿造成搅拌不足。 ② 发酵时间需稍拉长。 ③ 建议发酵温度为 30~32°C。 ④ 如配方中的液态材料使用鲜奶，制作“中种面团”时发酵会较缓慢。
鸡蛋	形态：外壳 1%、蛋黄 39%、蛋白 60%。 制作添加应注意： ① 提高营养价值。 ② 面包的着色度良好，色泽、香味增加，因蛋白中有微量糖质。 ③ 面团发酵耐性良好。 ④ 透火性佳。 ⑤ 具乳化作用可防止老化，因蛋黄含丰富卵磷脂。
糖	① 酵母热量来源之一。 ② 甜味令风味加分。 ③ 着色度良好（梅纳反应）。 ④ 防止硬化。 ⑤ 烤焙时间缩短。 ⑥ 保持水分、防止老化。 ⑦ 使面团安定性增加。
油脂	① 改良面团，使其伸展性、弹性提升。 ② 使面包咬断性、化口性增强。 ③ 使面包外皮、内层柔软，组织细密。 ④ 使面包老化缓慢。 ⑤ 使面包易切断性增加（面包更酥、脆）。 ⑥ 口味上改良。 ⑦ 提高营养价值。

搅拌作业的目的——打面团为何如此重要?

A. 作用	将材料(干性材料、液态材料、附属材料等)混合均匀，搅打至有延展性，产生面团筋性。
B. 搅拌时状态	▶ **材料分散**→面团未形成前材料散乱，收聚约占整体搅打时间的 20%。 ▶ **材料吸取**→完整将液态材料与淀粉(面粉)结合吸入，约占整体搅打时间的 45%。 ▶ **组织变化(扩展)**→形成面团微延展的结合状态，占整体搅打时间的 30%。 ▶ **判断组织**→快速搅打一小段时间，最终取一小团面团，拉扯看面团膜的厚薄度、延展性，约占整体搅打时间的 5%。
C. 目的	▶ **材料的混合**：将各项材料均匀混合，利用水溶解盐、糖等水溶性结晶，再与面粉结合成团。 ▶ **面粉与水产生“水合”效果**：指小麦面粉中淀粉、蛋白质与水结合，水经由搅拌被面粉吸收，面团呈块状，在这个阶段几乎看不见面筋的形成。 ▶ **面筋组织形成**：干性与液态材料结合，产生“面筋”，主要是淀粉内蛋白质与水结合之结果，可以把“面筋”想象成构成面团内部结构的支架，经发酵后支架会形成结构组织(随搅拌动作的持续进行，面筋会逐渐出现)。 ▶ **面团完成**：一般用中高速搅拌，借强劲的力道刺激面团筋度，增强面筋弹性。面团完成后会：❶ 具有弹力；❷ 表面光滑平整；❸ 触感柔软；❹ 取小部分面团左右轻轻拉扯，可延展成薄膜状(因配方比例不同，并非每一个面团延展开都能呈现出第 ❹ 点的薄膜)。

搅拌有哪些基本方法?

将配方材料直接全部投入搅拌。

直接法的特性：

面团在进行搅拌操作时耐性不好(意思是面筋形成时间需久一点)，发酵缓慢，搅拌作业易受原料影响。制品品质较不稳定，风味、食感一般，表皮较厚，烤焙体积伸展性微劣(即烤后体积膨胀性较弱)，老化速度快。

70% 中种法：配方内中种面团经 2~5 小时的发酵，再投入与主面团材料一起搅打。

中种法的特性：

面团在进行搅拌操作时耐性良好(意思是面筋形成时间较快)，发酵速度良好，原料影响力少，发酵力强，制品品质较安定，但易产生酸味，烤焙延展性佳(即烤后体积膨胀性佳)，表皮薄，老化速度慢。

不同面种加入的用意与特性

汤种加入的用意与特性	法国老面加入的用意与特性
1. 使面包更有弹性。 2. 使面团延展性更佳。 3. 保湿效果好。 水的温度不同（65~100℃），面粉的糊化状态也会不同，制作出的成品效果也会不同。	1. 增强风味。 2. 延缓老化。 3. 增快发酵速度。 4. 烤焙弹性增加。

面团的“发酵”

“发酵”意为有机化合物（小麦粉、砂糖、鲜奶等）中微生物的代谢及酵素反应，是酵母、小麦粉中的蛋白质分解，使之发生了化学变化。原则上面包有下列发酵程序：

发酵的目的有：❶ 生成面团风味、气体、架构；❷ 生成面团结构，令面团柔软，延展性的变化会影响面团膜的厚薄；❸ 控制发酵中产生的气体（二氧化碳等）到所需的程度，使面筋熟成（即完成发酵）。

※ **温度、搅拌程度、酵母量、时间皆会影响发酵**。

提问与解答专区

Q：速发酵母（干酵母）与新鲜酵母的使用比例？

A：速发酵母与新鲜酵母的使用比例是 1∶3。

Q：高筋面粉、中筋面粉、低筋面粉的差异性？

高筋面粉蛋白质含量多，形成的面筋较多也较强，黏性较大，吸水性也较高，制作出来的面团弹性、延展性较大。适合做面包及各种发酵食品，制成的成品具有弹性与韧性。

中筋面粉吸水性与弹性、延展性较高筋面粉小，蛋白质含量介于高筋面粉与低筋面粉中间，适合做水饺皮、面条、包子等食品。

低筋面粉吸水性、弹性、延展性均较小，蛋白质含量低。适合做蛋糕、饼干、面点等食品。

Q：为何面包老化速度很快呢？

A：① 面团搅拌不足或搅拌过头。
② 基本发酵、中间发酵、最后发酵过头，或不足。
③ 整形手法不对或力道不够。
④ 面团搅拌终温过高（27°C 以上）。
⑤ 烤焙时间过久（水分流失快）。

Q：为何吐司后发后进烤箱烘烤，出炉高度不变、没长高？

A：① 面团搅拌不足或过头。
② 发酵不足或过头。
③ 整形手法不对或力道不足、不均。
④ 烘烤温度过低。

Q：面团搅拌过头该如何处理？

A：将面团多翻折几次，增强面筋。

Q：室温太高，如何将面团打至理想温度？

A：① 一般面团的理想终温为 25~27°C。
② 预先备好干性材料，冰至冷藏或冷冻。
③ 预先备好液态材料，冰至温度等于冷藏温度。
④ 尽可能缩短搅拌时间。
⑤ 可拿一盒冰块水垫在搅拌缸外围底部。

Q：吐司烤焙出来后切面为何会有空洞？

A：① 面团松弛时间不足（面筋过度紧实）。
② 擀卷时力道过强。
③ 分割或整形时，手粉或油脂过多。

Q：面包或吐司烤焙出来为何会塌陷？

A：① 面团烤焙时间或温度不足，内部未熟透。
② 面团配方中的液体含量过高，面团过度柔软。
③ 面团的搅拌器具与面团重量不匹配，比如拿一个超大搅拌缸搅打 500g 面团。

Q：吐司冷却后，为什么侧边会缩腰呢？

A：① 烤焙温度、时间不足。
② 最后发酵时过度发酵了。
③ 面团与模具容积、重量不匹配。
④ 烤焙后取出模具过慢。
⑤ 蒸汽过多。
⑥ 液态部分过多（面团过软）。
⑦ 模具内涂抹油脂过多。
⑧ 搅拌过头或不足。

Q：制作面包投入油脂的最佳时间点？

A：① 吐司：【直接法】在总搅拌时间的 2/3 时，下油。
【中种法】在总搅拌时间的3/4时，下油。
② 甜面包：【直接法】在总搅拌时间的 2/3 时，下油。
【中种法】在总搅拌时间的3/4时，下油。

Q：烤焙出来成品有割裂痕迹？

A：① 过度发酵。
② 烤箱上火温度过高。
③ 整形手法不对或力道过大过紧。

Part 2

一起做面包

Mile One

Mile Two

Mile Three

Mile One 第一里路

A　甜面包基本配方：直接法

Mile Two 第二里路

B-1　盐可颂主面团

B-2　日式果子主面团

Mile Three 第三里路

C-1　软欧面包面团 A

C-2　软欧面包面团 B

Mile Four 第四里路

D　日常生活吐司篇

Mile Five 第五里路

E　番外篇：造型面包

Mile Six 第六里路

F　番外篇：特殊造型

Mile Four

Mile Five

Mile Six

A 甜面包基本配方：直接法

▼ **面团总重 2045g**

	材料名称	重量 / g	烘焙百分比
①	高筋面粉	1000	100
	上白糖 *	160	16
	盐	10	1
	奶粉	30	3
②	全蛋液	200	20
	水	340	34
	鲜奶	150	15
③	新鲜酵母	35	3.5
④	无盐黄油	120	12

编者注：* 上白糖含有一定比例的转化糖，口感较湿润，甜度较高。常用的绵白糖也含有一定量的转化糖，但颗粒不如上白糖细。

★ 新鲜酵母与速发干酵母的使用换算比例为 3：1。

★ 如果觉得分量太多，可以用百分比自行换算所需分量。家庭制作可将配方量统一除以 2，用 500g 面粉的比例制作。

★ 奶粉使用全脂、低脂都可以。

★ 材料②的湿性材料可以称在一起。

★ 预先将无盐黄油室温软化，软化至指腹轻压有指痕的程度即可。

制作步骤

搅拌

1 在搅拌缸分区加入材料①干性材料，倒入材料②湿性材料。

2 慢速搅拌 1 分钟，成团后加入材料③。

3 中速打 4~5 分钟，打到均匀，转快速。

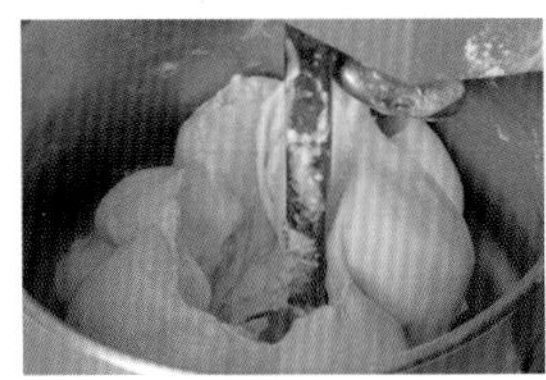

4 打至面团柔软有光泽，用手撑开出现厚膜、破口边缘呈锯齿状。

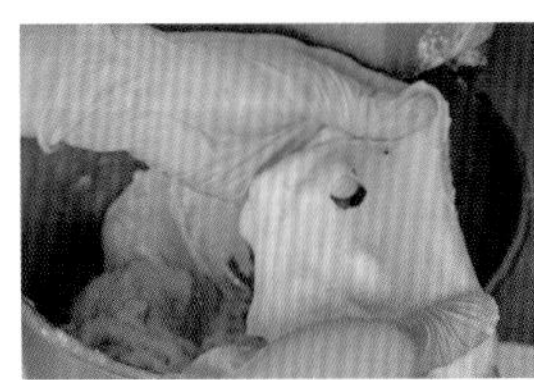

5 加入材料④，转慢速打至黄油吃进面团里，转中速打 2~3 分钟。

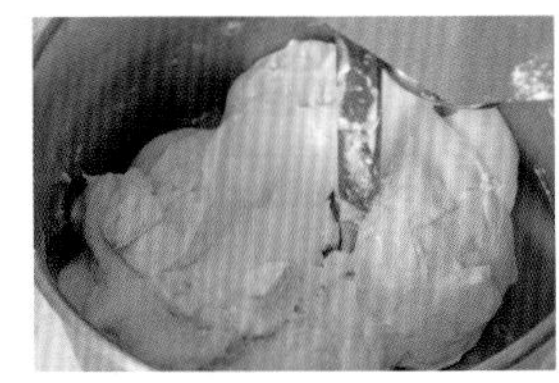

6 打至面团完全扩展，用手撑开出现薄膜、破口呈圆润状，搅拌完成温度为 26℃。

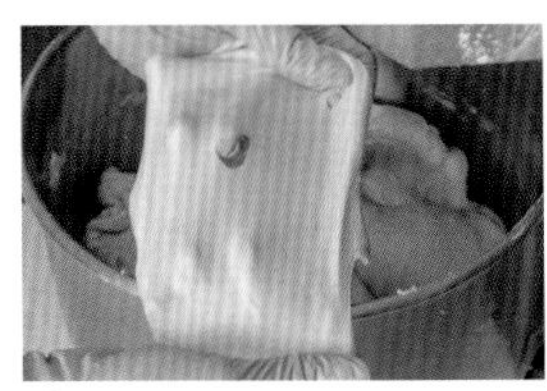

基本发酵

7　在不粘烤盘上喷上烤盘油（或刷任意油脂），放上面团，将己侧1/3面团朝中心折。

8　再将折叠好的部分向前翻折。

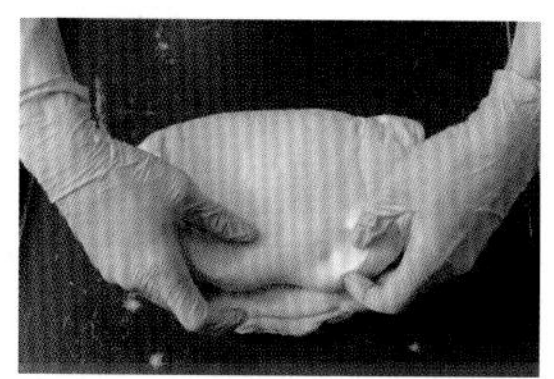

9　把面团转向放置，轻拍表面使其均一化（让面团发酵比较均匀）。

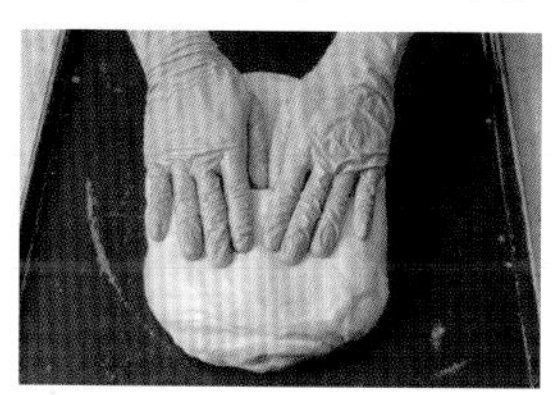

10　此为三折一次，送入发酵箱发酵30分钟（温度30℃/湿度85%）。

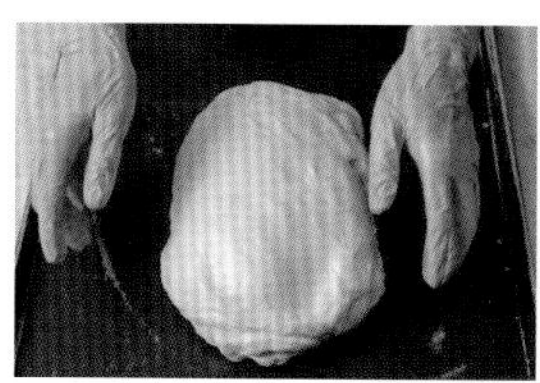

翻面

11　时间到取出，准备再三折一次。

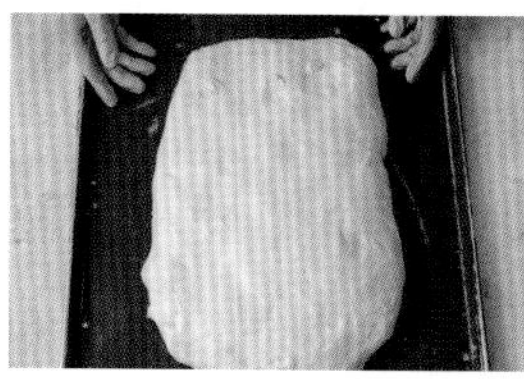

12　双手将面团从中心托起。

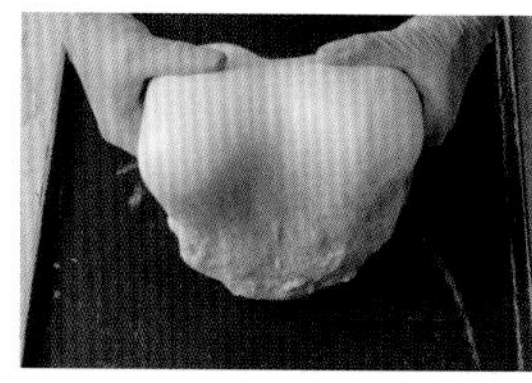

13　有技巧地放下，使面团呈现三折一次后的形状（可参考步骤8图片）。

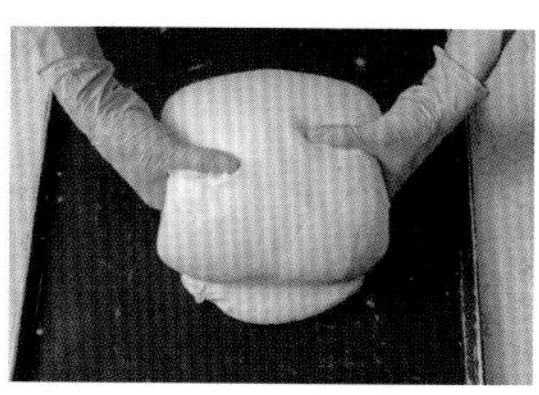

14　轻拍，拍去发酵过程中表面产生的过多空气。

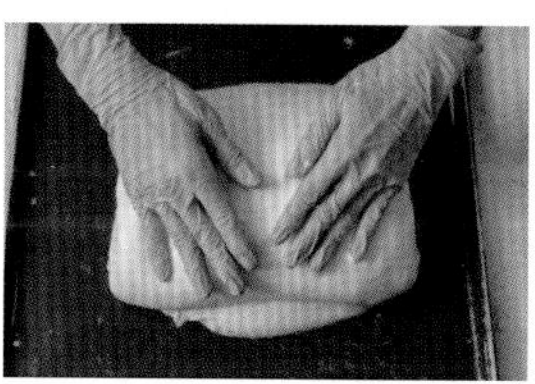

15　把面团转向放置，送入发酵箱发酵30分钟（温度30℃/湿度85%）。

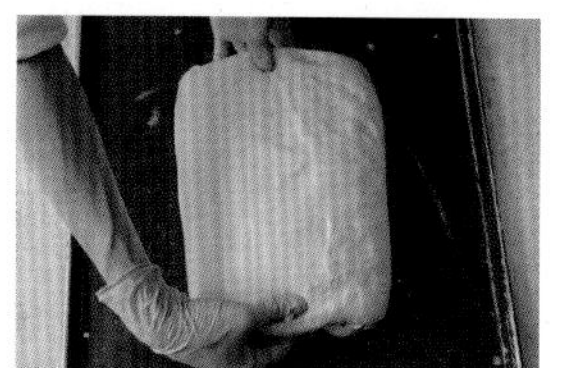

分割

★基本发酵→翻面后参考内文的【产品数据】进行分割。

16　将面团用切面刀分割为每个80g，轻轻滚圆。（可分割成25~26个）

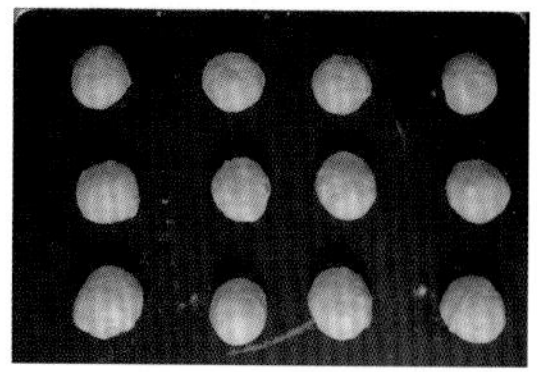

17　将面团用切面刀分割为每个50g，轻轻滚圆。（可分割成40~41个）

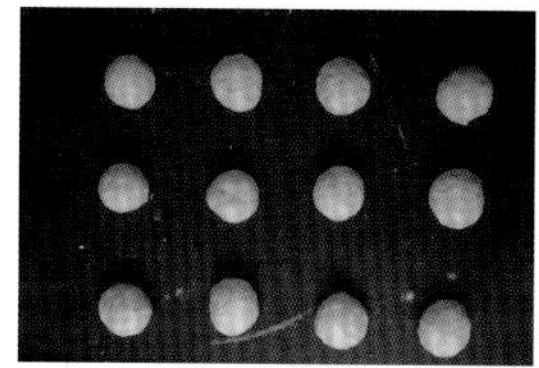

18　将面团用切面刀分割为每个25g，轻轻滚圆。（可分割成81~82个）

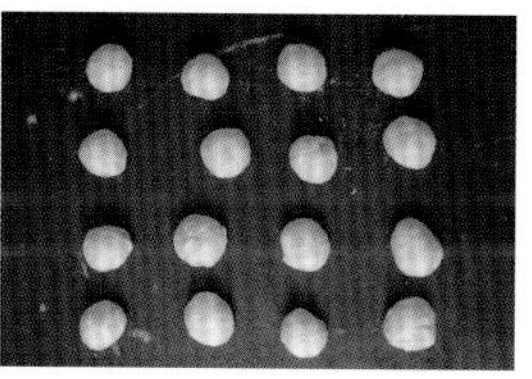

★分割面团时需避免重复切割（会破坏面筋），建议以井字形分割。

★分割后，将小面团间距相等地排入不粘烤盘，送入发酵箱进行中间发酵，具体数据详阅各品项的【产品数据】。

No.1

红豆面包

▼ 产品数据

搅拌基发	甜面包基本配方：直接法（详见第 8~9 页）
分割滚圆	面团 50g；红豆馅 25g
中间发酵	40 分钟（温度 30~32℃ / 湿度 85%）
整形包馅	详阅内文（备妥全蛋液、生黑芝麻）
最后发酵	40~50 分钟（温度 30~32℃ / 湿度 85%）
入炉烘烤	上火 210℃ / 下火 180℃，烤 12~13 分钟

搅拌基发

1 面团参考【产品数据】完成搅拌、基本发酵、翻面的操作。

分割滚圆

2 参考【产品数据】分割面团与内馅，分别滚圆，将面团间距相等地排入不粘烤盘中。

★ 面团需避免重复切割（会破坏面筋），建议以井字形分割。

中间发酵

3 参考【产品数据】，将面团送入发酵箱发酵。

整形包馅

4 用虎口和手掌轻轻拍开面团排气，将面团里的气体排出。

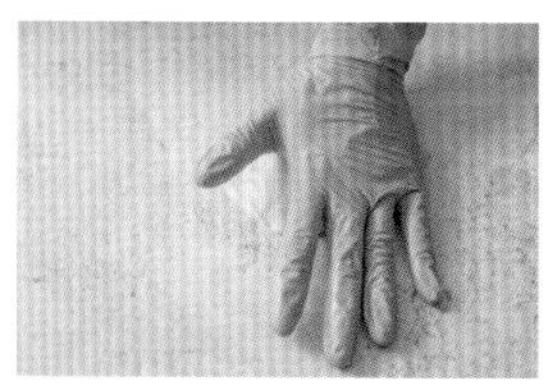

5 包入红豆馅，捏合收口，整形成圆形，喷水。

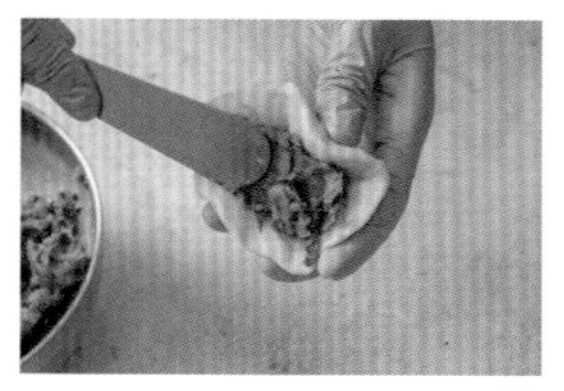

▼

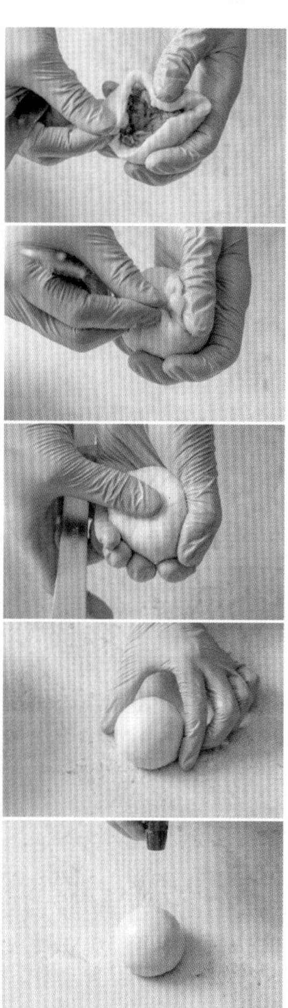

6 擀面棍沾全蛋液，沾生黑芝麻，点在面团上，再将面团间距相等地放在不粘烤盘上。

▼

最后发酵

7 参考【产品数据】送入发酵箱发酵。

入炉烘烤

8 送入预热好的烤箱，参考【产品数据】烘烤。

★ 烘烤的温度、时间仅供参考，需依烤箱不同微调数据。

No.2

菠萝面包

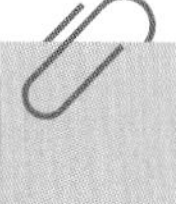

▼ 产品数据

搅拌基发	甜面包基本配方：直接法（详见第 8~9 页）
分割滚圆	面团 80g；菠萝皮 20g
中间发酵	40 分钟（室温 26~28℃）
整形装饰	详阅内文
最后发酵	90 分钟（室温 25~28℃，无湿度）
装饰烤焙	刷蛋黄液，上火 190℃ / 下火 210℃，烤 12~13 分钟

▼ 菠萝皮 A

无水黄油	466g
糖粉	38g
全蛋液	19g
高筋面粉	460~470g

▼ 菠萝皮 B

无水黄油	110g
糖粉	90g
全蛋液	40g
高筋面粉	250g

★ 预先将无水黄油室温软化，软化至指腹轻压有指痕的程度即可。

★ 糖粉过筛备用，先过筛拌匀时比较不会结块。

★ 两个配方皆可做出美味的菠萝皮，差别在于菠萝皮 A 为减糖版较不甜，菠萝皮 B 则是一般正常甜度。

制作步骤

菠萝皮

1 桌面上放上无水黄油、过筛后的糖粉、全蛋液拌匀。

2 外围放高筋面粉，用手搭配刮刀，将外围的面粉分次刮入拌匀的材料中，反复压拌均匀。

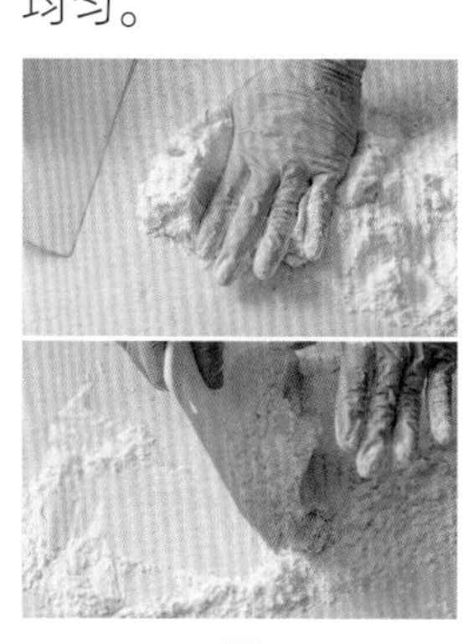

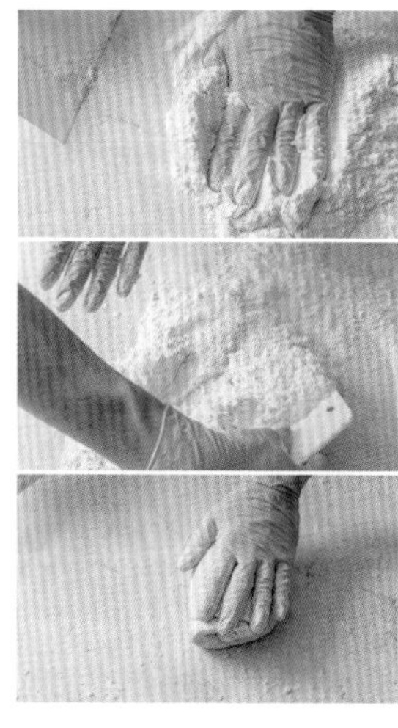

3 完成后如果面团太软，可以用袋子妥善包覆起来，冷藏 30 分钟。

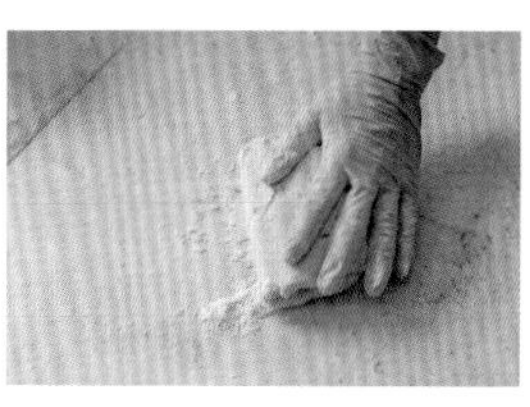

4 用双手将面团搓成长条，参考【产品数据】分割菠萝皮，滚圆。

★ 如果先做好菠萝皮，但主面团还没有完成，可先将菠萝皮用袋子妥善包覆起来，冷藏备用。

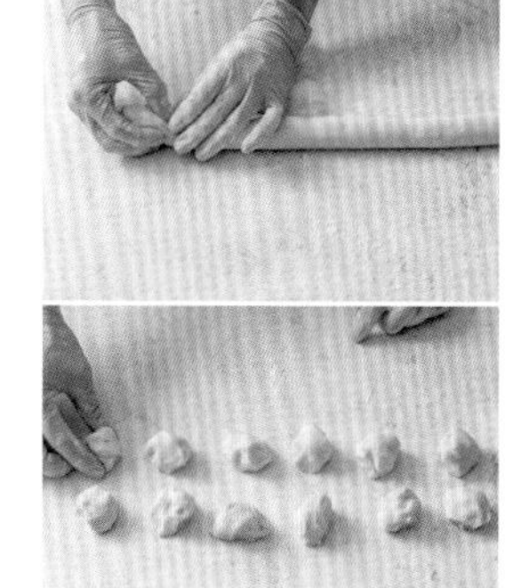

搅拌基发

5 面团参考【产品数据】完成搅拌、基本发酵、翻面的操作。

分割滚圆

6 参考【产品数据】分割面团，滚圆，将面团间距相等地排入不粘烤盘中。

★ 面团需避免重复切割（会破坏面筋），建议以井字形分割。

中间发酵

7 参考【产品数据】，将面团送入发酵箱发酵。

整形装饰（A.专业包法）

8 备妥面团、菠萝皮、少许高筋面粉（作为手粉）。

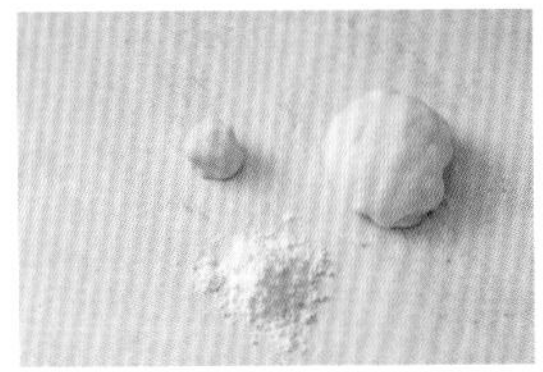

9 面团滚圆，轻轻拍扁排气，底部沾覆菠萝皮。

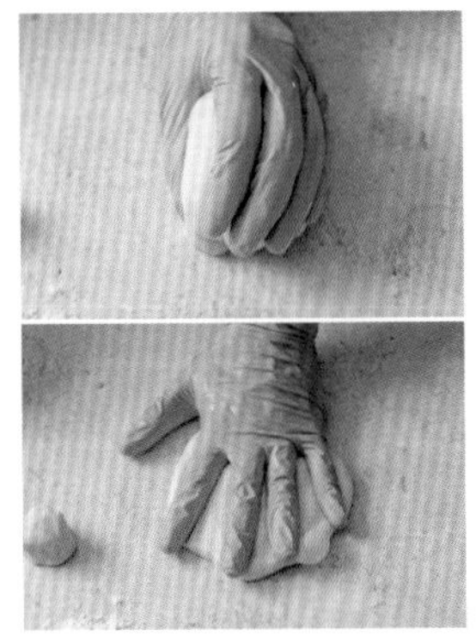

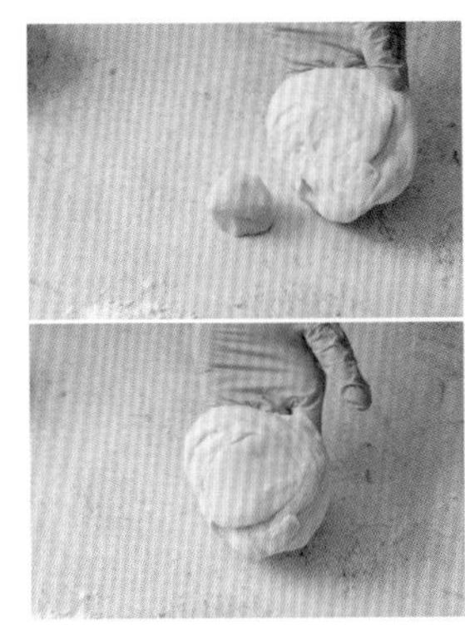

10 将沾上菠萝皮的面团沾上高筋面粉收紧实，再沾一次手粉，再收紧实。

★ 可先将面团冷藏30~60分钟，较好操作；菠萝皮属于油脂较高的材料，整形时要迅速（或尽量隔绝手温），避免出油。

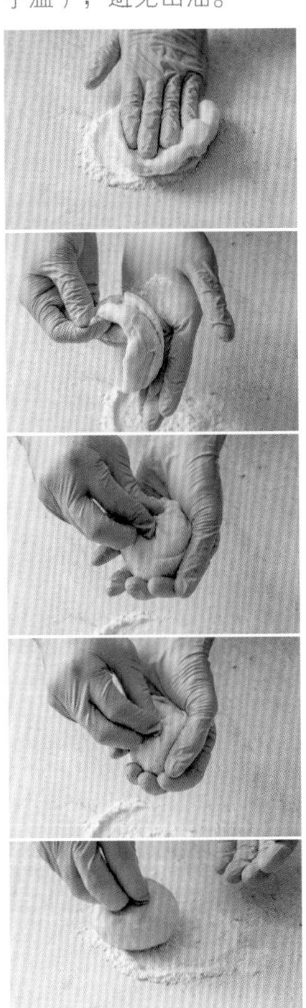

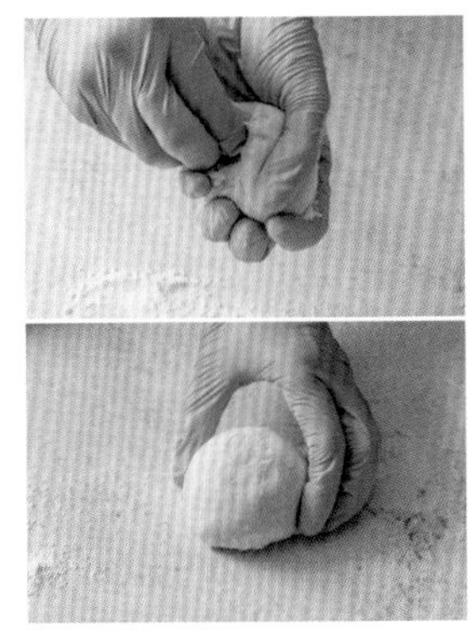

整形装饰（B.简单包法）

11 将面团滚圆，收紧实，在表面喷水（或刷上全蛋液）。

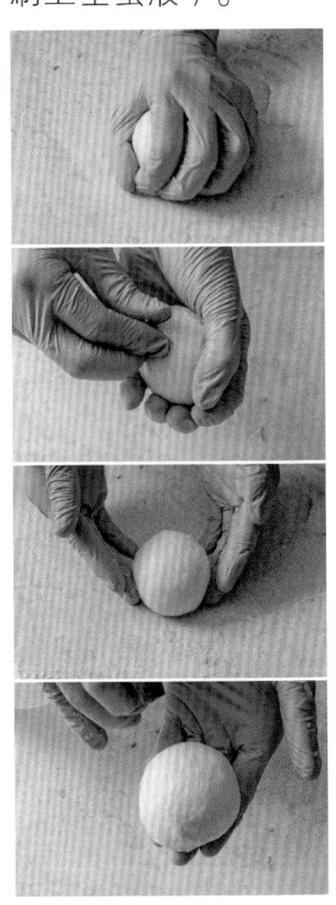

12 擀面棍沾上手粉，菠萝皮沾手粉后拍开，擀平（直径须比面团大 1 厘米）。

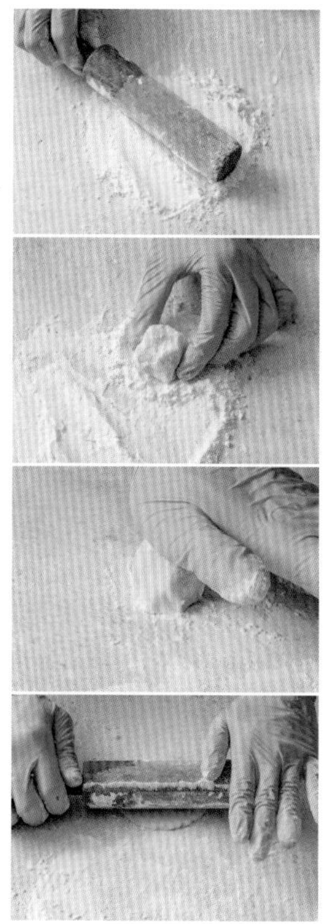

13 用切面刀铲起菠萝皮，放在面团上，收圆。

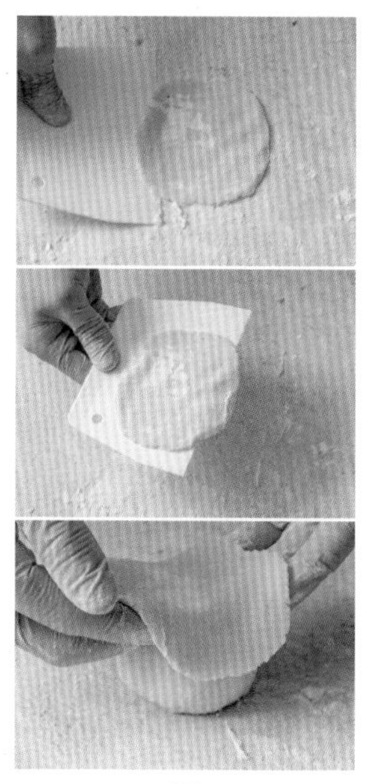

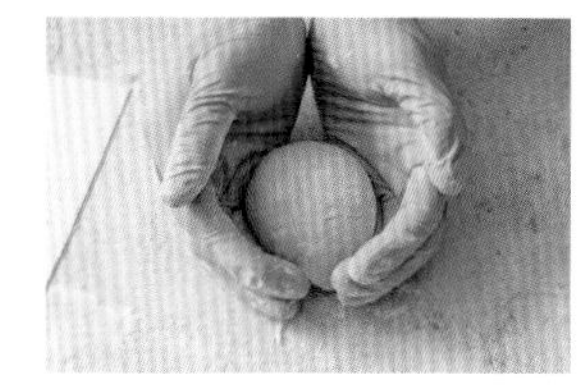

14 间距相等地排入不粘烤盘。

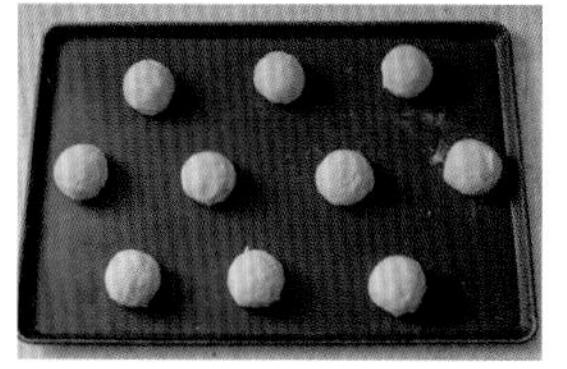

最后发酵

15 参考【产品数据】室温发酵。

★ 勿在温度超过 30℃的环境下发酵，菠萝皮会因温度过高而化掉。

★ 湿气高也不行，菠萝皮会油水分离。

装饰烤焙

16 刷一层蛋黄液，送入预热好的烤箱，参考【产品数据】烘烤。

★ 烘烤的温度、时间仅供参考，需依烤箱不同微调数据。

WUMAI

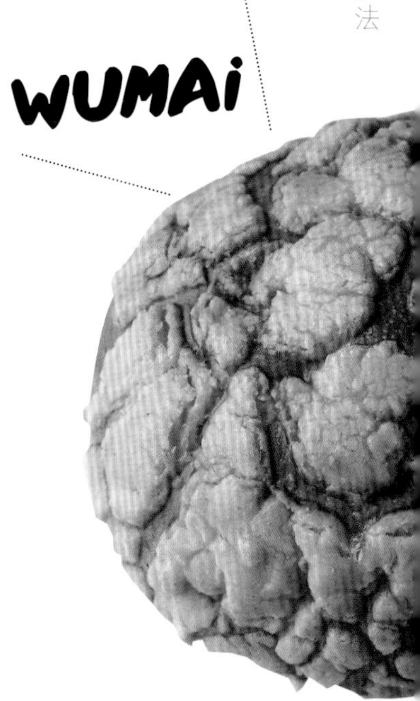

No.3

卡士达面包

▼ 产品数据

搅拌基发	甜面包基本配方：直接法（详见第 8~9 页）
分割滚圆	面团 50g
中间发酵	40 分钟（温度 32℃ / 湿度 80%~85%）
整形包馅	详阅内文（包入卡士达馅 25g）
最后发酵	40 分钟（温度 32℃ / 湿度 80%~85%）
装饰烤焙	挤适量卡士达馅，上火 210℃ / 下火 190℃，烤 12~14 分钟

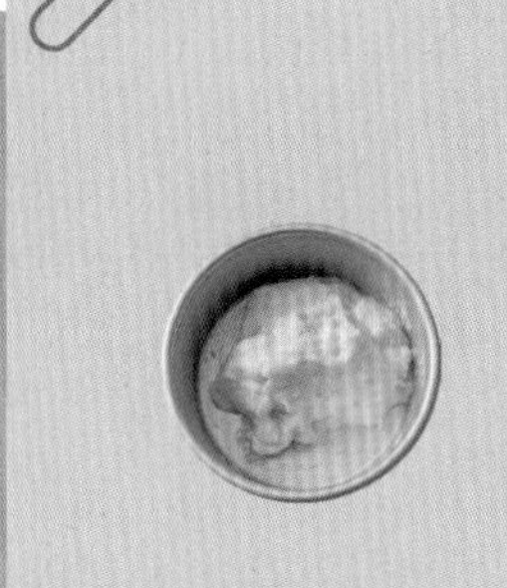

▼ 卡士达馅

鲜奶	802g
细砂糖	160g
全蛋	121g
蛋黄	121g
玉米淀粉	48g
无盐黄油	81g

★ 鲜奶使用全脂、低脂皆可。

★ 配方中的玉米淀粉37g，可替换成低筋面粉37g，使用前皆需过筛，避免使用时结粒。

★ 用“玉米淀粉”流性好，用“低筋面粉”较固态。

制作步骤

卡士达馅

1 鲜奶隔水加热，煮至60℃。

2 在干净钢盆中加入细砂糖、全蛋、蛋黄拌匀。

3 加入过筛后的玉米淀粉拌匀。

4 加入煮至60℃的鲜奶，中火搅拌至浓稠、表面光滑，沸腾约1分钟后离火。

★ 卡士达馅在制作煮沸时，需不停搅拌，防止底部煮焦。

5 离火后加入无盐黄油拌匀，冷却后即可使用。

搅拌基发

6 面团参考【产品数据】完成搅拌、基本发酵、翻面的操作。

分割滚圆

7 参考【产品数据】分割面团，滚圆，再间距相等地排入不粘烤盘中。

中间发酵

8 参考【产品数据】送入发酵箱发酵。

整形包馅

9 将面团稍微滚圆，底部收紧实，压成四周薄、中间厚的圆片。

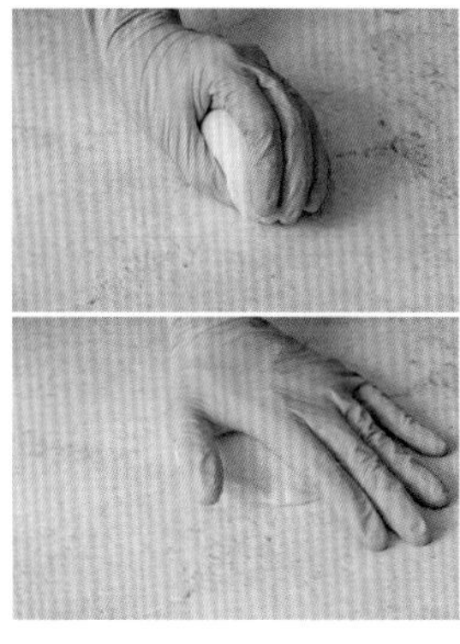

10 包入25g卡士达馅收口，底部收紧实。

★ 因卡士达馅较软，包馅时面团中心点需厚、四周薄，否则烤焙时容易爆馅。

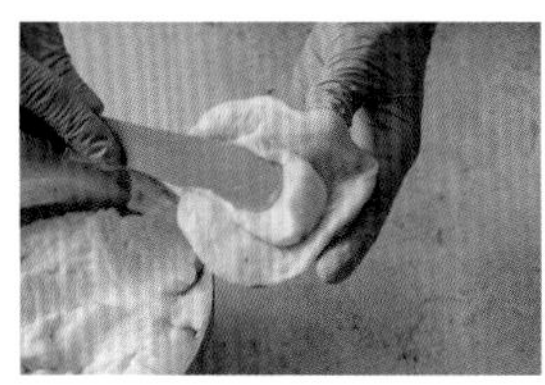

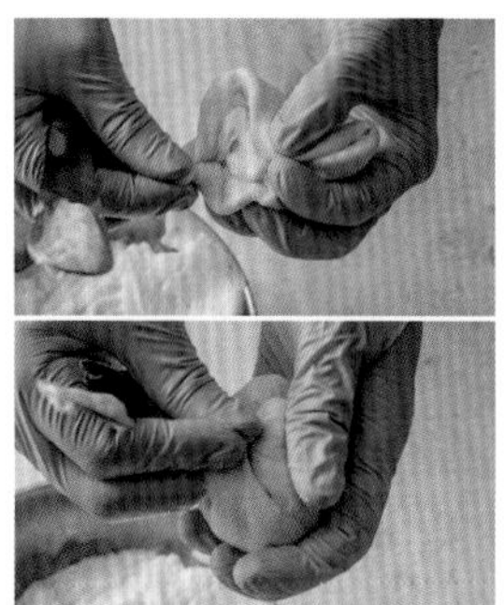

最后发酵

11 间距相等地排入不粘烤盘，参考【产品数据】送入发酵箱发酵（此图为发酵前）。

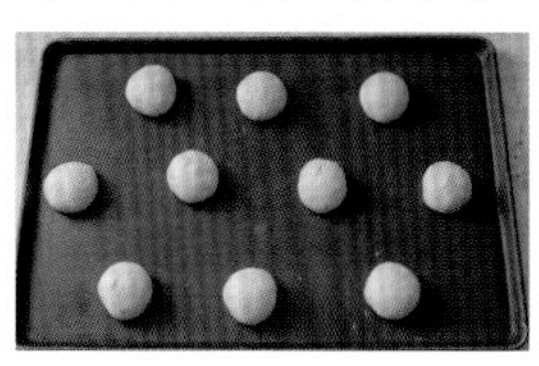

装饰烤焙

12 在面团表面挤上适量卡士达馅，送入预热好的烤箱，参考【产品数据】烘烤。

★ 烘烤的温度、时间仅供参考，需依烤箱不同微调数据。

No.4

葱面包

▼ 产品数据

搅拌基发	甜面包基本配方：直接法（详见第 8~9 页）
分割滚圆	面团 50g
中间发酵	40 分钟（温度 30~32℃ / 湿度 85%）
产品整形	详阅内文
最后发酵	30 分钟（温度 32℃ / 湿度 85%）
装饰烤焙	刷蛋黄液，铺青葱馅 30g，戳 5~8 个洞，上火 240℃ / 下火 220℃，烤 10 分钟，出炉刷上少许蛋酱

▼ **青葱馅**

青葱花	660g（使用前再切）
猪油	198g
味精	13g（可用细砂糖取代）
盐	13g
全蛋	330g

▼ **蛋酱**

全蛋	1 颗
细砂糖	30g
蜂蜜	20g
色拉油	50g

制作步骤

青葱馅

1 将所有材料（除了青葱花）一同拌匀。

2 烤焙前再把青葱花切好加入步骤 1 中拌匀。
★ 避免提前加入后青葱出水。

蛋酱

3 所有材料拌匀，冷藏可保存两天，不宜冷冻。

搅拌基发

4 面团参考【产品数据】完成搅拌、基本发酵、翻面的操作。

分割滚圆

5 参考【产品数据】分割面团，滚圆。
★ 面团需避免重复切割（会破坏面筋），建议以井字形分割。

中间发酵

6 参考【产品数据】送入发酵箱发酵。

产品整形

7 将面团滚圆收紧，轻轻拍扁。

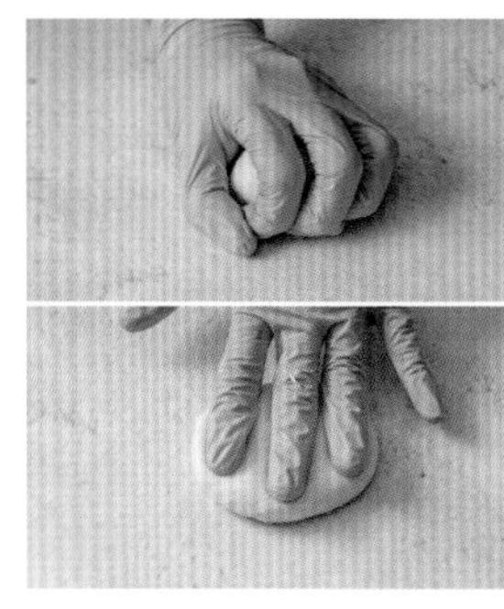

8 用擀面棍擀成椭圆片（直径 6~8cm），间距相等地排入不粘烤盘。

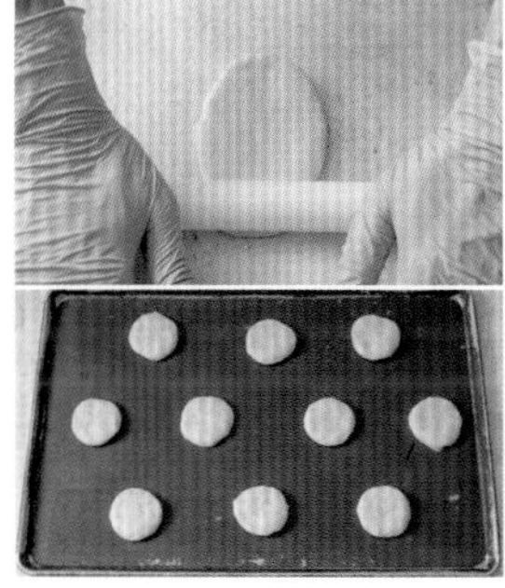

最后发酵

9 参考【产品数据】送入发酵箱发酵。

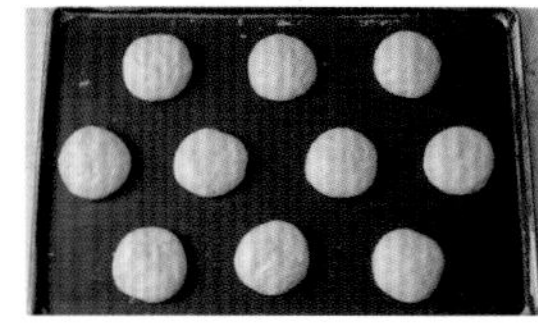

装饰烤焙

10 在表面刷蛋黄液，放上拌匀的青葱馅 30g，铺平，用筷子在表面平均地戳 5~8 个洞。参考【产品数据】烘烤。
★ 戳洞可以预防烤焙时面团中心点凸起。葱面包尽量在短时间内烤完，如此葱的水分才不会被烤干，能保持较鲜艳的青绿色。

11 出炉轻敲震出热气，在表面迅速刷上少许蛋酱。

No.5

奶酥飞碟

▼ 产品数据

搅拌基发	甜面包基本配方：直接法（详见第 8~9 页）
分割滚圆	面团 50g
中间发酵	40 分钟（温度 30~32°C/ 湿度 85%）
整形包馅	详阅内文（ 包入奶酥馅 25g）
最后发酵	40 分钟（温度 30~32°C/ 湿度 85%）
装饰烤焙	挤上墨西哥皮 20g，上、下火 190°C，烤 12 分钟，出炉筛上防潮糖粉

▼ 奶酥馅

无盐黄油	280g
糖粉	125g
盐	3g
奶粉	280g
玉米淀粉	47g
全蛋液	75g
水	25g
葡萄干	100g

▼ 墨西哥皮

低筋面粉	200g
糖粉	200g
蛋黄液	200g
无盐黄油	200g

制作步骤

奶酥馅

1 将无盐黄油、过筛糖粉、盐一同拌匀。加入过筛奶粉、过筛玉米淀粉拌匀。慢慢加入全蛋液拌匀，加入水拌匀，调整软硬度，最后拌入葡萄干，静置封口约 20 分钟后使用。

墨西哥皮

2 将无盐黄油、过筛糖粉一同拌匀。分次倒入蛋黄液拌匀，每次都要等到蛋液充分与材料拌匀，才可再加。加入过筛低筋面粉，压拌均匀。

搅拌基发

3 面团参考【产品数据】完成搅拌、基本发酵、翻面的操作。

分割滚圆

4 参考【产品数据】分割面团，滚圆。

中间发酵

5 参考【产品数据】将面团送入发酵箱发酵。

整形包馅

6 将面团滚圆收紧，轻轻拍扁，压成四周薄、中间厚的圆片（中心点尽量厚实）；包入 25g 奶酥馅后收口，底部收紧整成圆形，间距相等地排入不粘烤盘。

★ 因馅料较软，包馅时面团中心点需较厚，否则烤焙时容易爆馅。

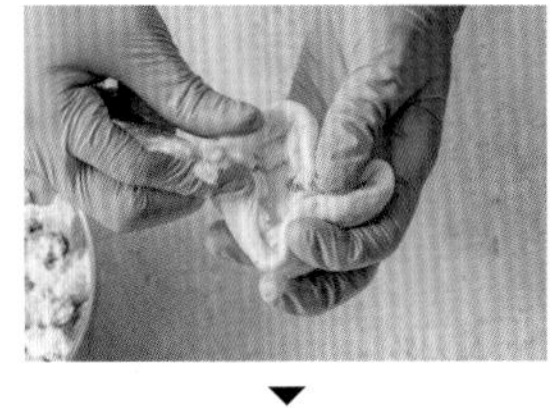

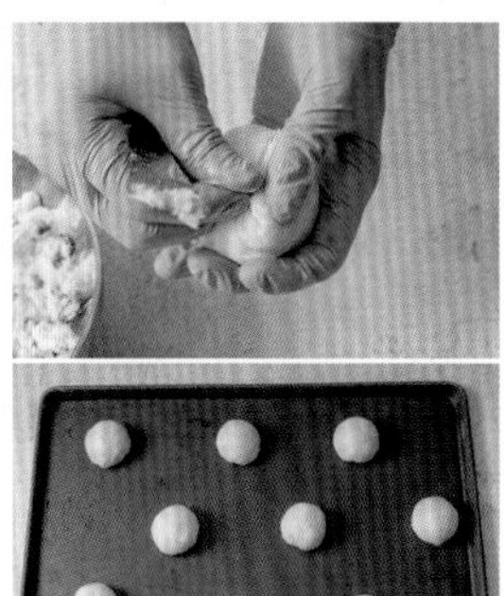

最后发酵

7 参考【产品数据】送入发酵箱发酵。

装饰烤焙

8 将墨西哥皮装入三角袋，在三角袋前端剪一刀，以画圆方式开始挤皮，大约覆盖面团的 1/3 即可。参考【产品数据】烘烤。

9 待烤焙完成后筛上防潮糖粉。

★ 墨西哥皮在烤焙时容易上色，当表面微上色时，将上火调至低温 150℃再烤至完成，避免出炉时表皮颜色过深。

No.6

芋头面包

多种造型

▼ 产品数据

搅拌基发	甜面包基本配方：直接法（详见第 8~9 页）
分割滚圆	面团 50g
中间发酵	40 分钟（温度 30~32°C/ 湿度 85%）
整形包馅	详阅内文（包入芋泥馅 25g）
最后发酵	40 分钟（温度 30°C/ 湿度 85%）
装饰烤焙	刷全蛋液，撒生杏仁碎，上火 190℃ / 下火 180℃，烤 12~13 分钟

▼ 芋泥馅

芋头泥	600g	做法： 1. 芋头洗净去皮，切丁状或片状，蒸至软化。 2. 蒸好后称出配方需要的量，趁热加入上白糖拌匀，冷却后使用。
上白糖	105g	

制作步骤

搅拌基发

1 面团参考【产品数据】完成搅拌、基本发酵、翻面的操作。

分割滚圆

2 参考【产品数据】分割面团，滚圆，间距相等地排入不粘烤盘。

中间发酵

3 参考【产品数据】，将面团送入发酵箱发酵。

整形包馅

4 将面团轻轻拍扁，包入芋泥馅收口，收口处收紧实，整形成橄榄形。

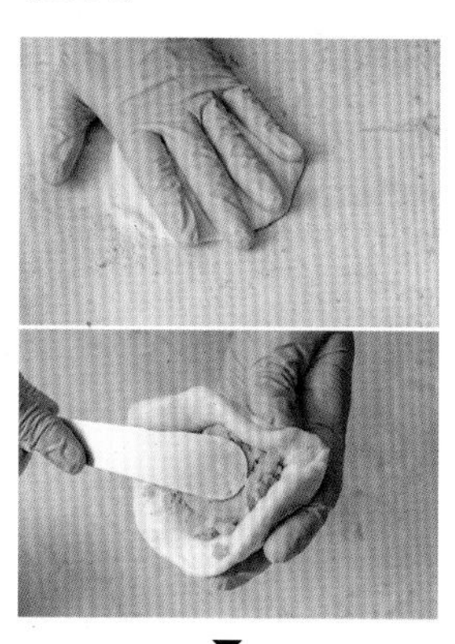

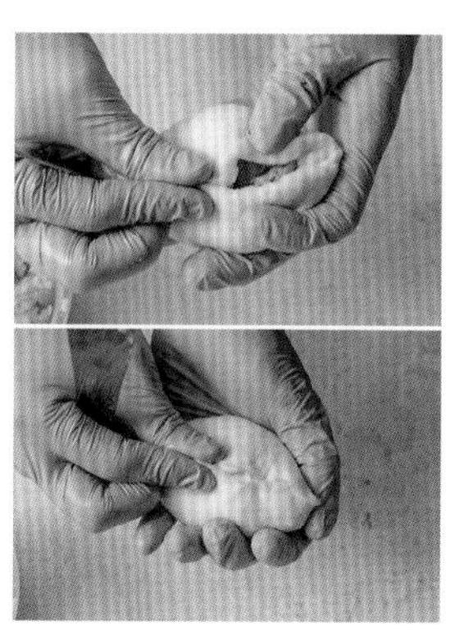

5 将面团轻轻拍开，擀成长片，表面用刀子划7刀，卷起，头尾交叉摆放。

★ 使用硅胶圆模的话，产品会更整齐，圆模直径11cm、高4cm（如左页成品图）。

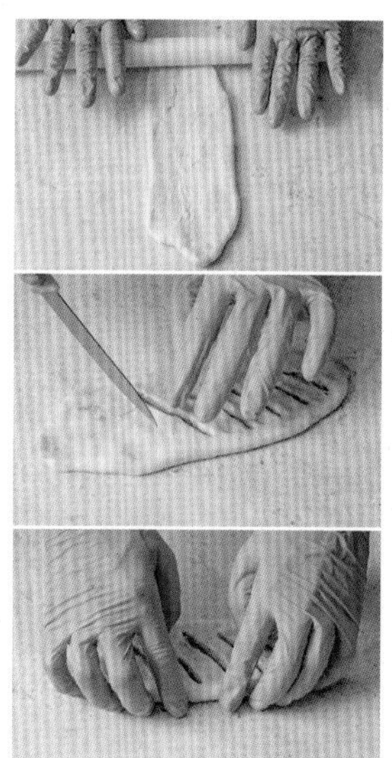

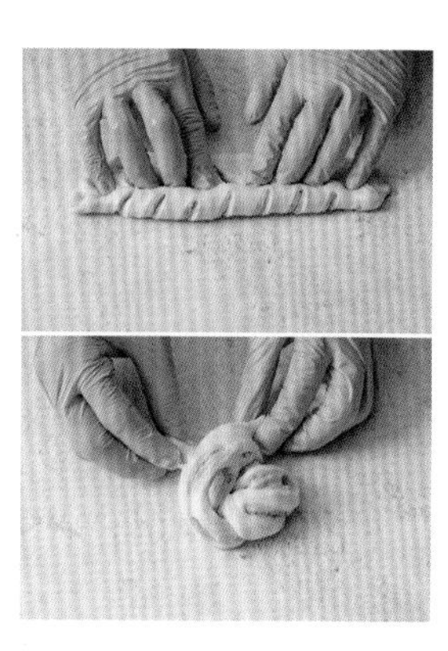

最后发酵

6 间距相等地排入不粘烤盘，参考【产品数据】送入发酵箱发酵。

装饰烤焙

7 刷全蛋液，撒上生杏仁碎。参考【产品数据】烘烤。

No.7

椰子面包

▼ 产品数据

搅拌基发	甜面包基本配方：直接法（详见第 8~9 页）
分割滚圆	面团 50g
中间发酵	40 分钟（温度 30~32°C/ 湿度 85%）
整形包馅	详阅内文（抹上椰子馅 25g）
最后发酵	40 分钟（温度 30~32°C/ 湿度 85%）
装饰烤焙	刷全蛋液，上火 190℃/ 下火 180℃，烤 12~13 分钟，出炉刷上蛋酱（做法见第 19 页）

▼ **椰子馅**

椰子粉	464g	做法：椰子馅材料全部拌匀，备用。 ★ 因为椰子馅有拌入奶粉，所以烤焙时易上色，当面包表面烤至稍微上色时就需把上火调到 150°C，直至烤焙完成，避免上色过深。 若额外加上全蛋液 400g，口感较湿润、风味尤佳。
奶粉	116g	
细砂糖 *	232g	
盐	5g	
无盐黄油	218g	

编者注：* 几乎由蔗糖组成，甜度清爽，颗粒较白砂糖更细。

制作步骤

搅拌基发

1 面团参考【产品数据】完成搅拌、基本发酵、翻面的操作。

分割滚圆

2 参考【产品数据】分割面团，滚圆，间距相等地排入不粘烤盘。

中间发酵

3 参考【产品数据】，将面团送入发酵箱发酵。

整形包馅

4 轻轻拍扁，在面团中部抹上椰子馅 25g 收口，收口处收紧实。

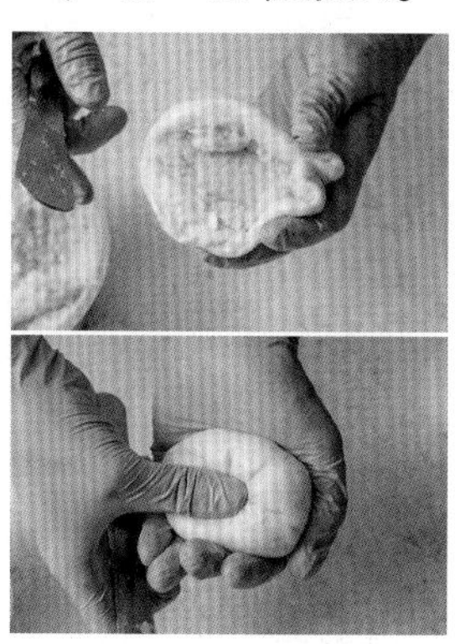

5 轻轻搓成条状、拍扁，用擀面棍擀开。

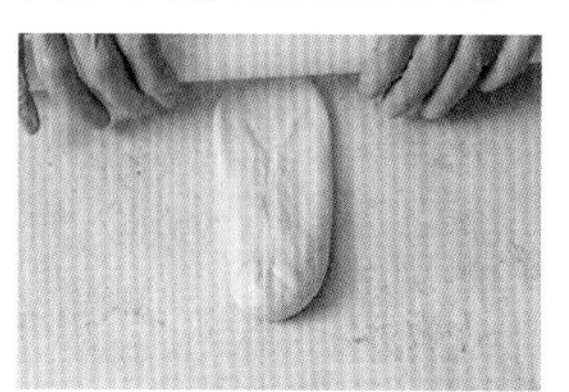

6 将长边对折，再将短边对折，切面刀从中间纵切一刀（前端留 1~1.5cm 不切），翻开面团。

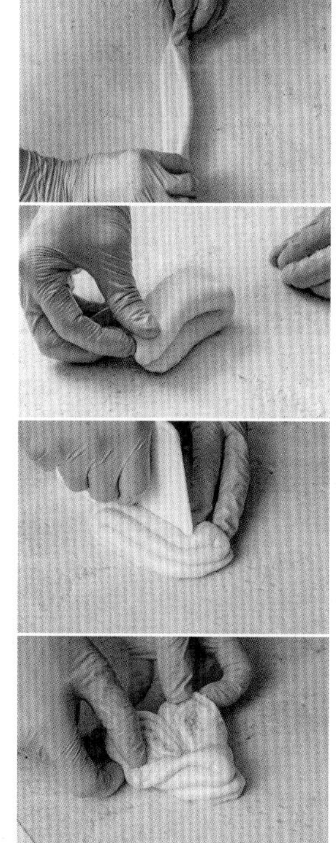

最后发酵

7 间距相等地排入不粘烤盘，参考【产品数据】送入发酵箱发酵。

装饰烤焙

8 刷全蛋液，参考【产品数据】烘烤。

9 出炉后刷上蛋酱。

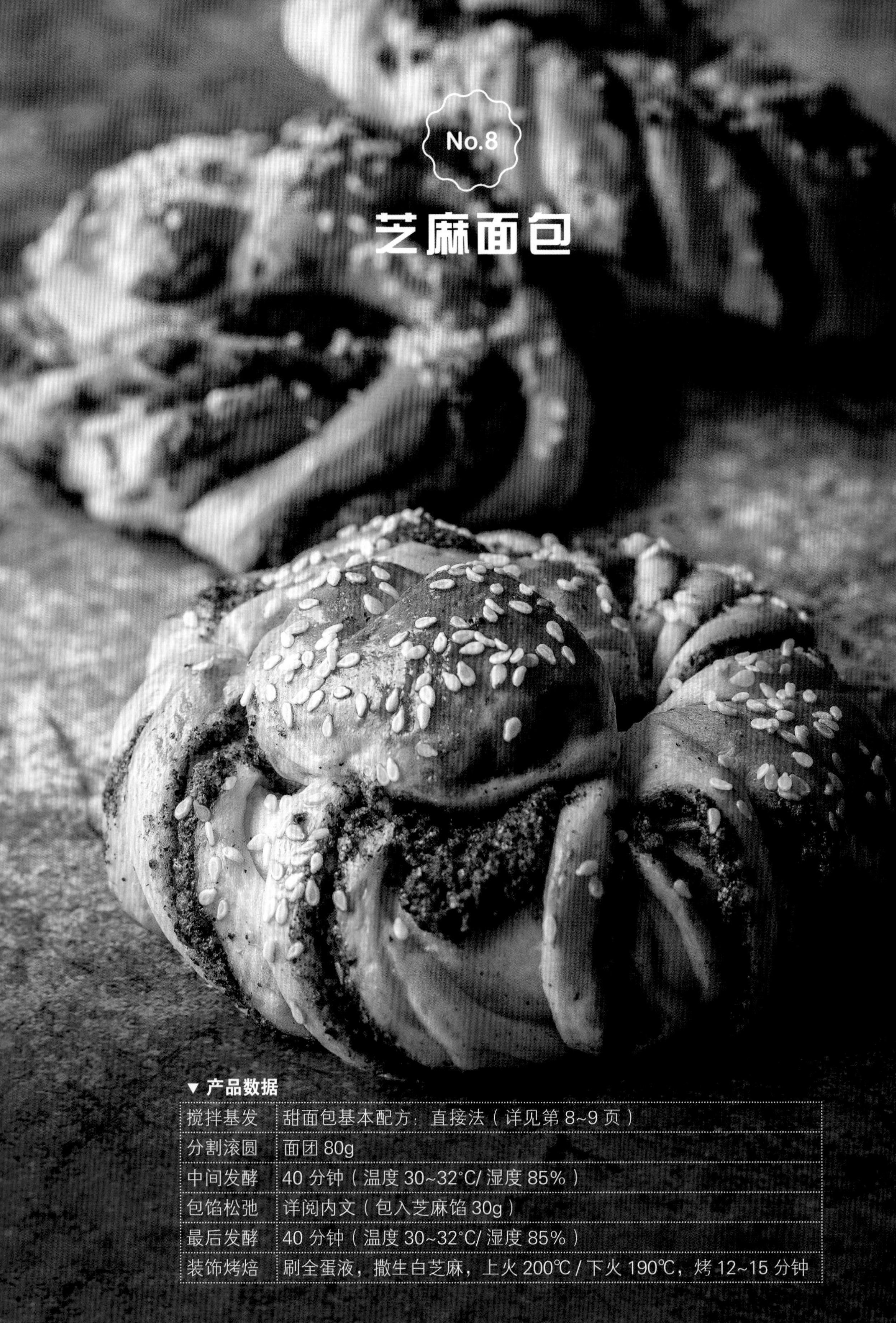

No.8

芝麻面包

▼ 产品数据

搅拌基发	甜面包基本配方：直接法（详见第 8~9 页）
分割滚圆	面团 80g
中间发酵	40 分钟（温度 30~32°C/ 湿度 85%）
包馅松弛	详阅内文（包入芝麻馅 30g）
最后发酵	40 分钟（温度 30~32°C/ 湿度 85%）
装饰烤焙	刷全蛋液，撒生白芝麻，上火 200℃ / 下火 190℃，烤 12~15 分钟

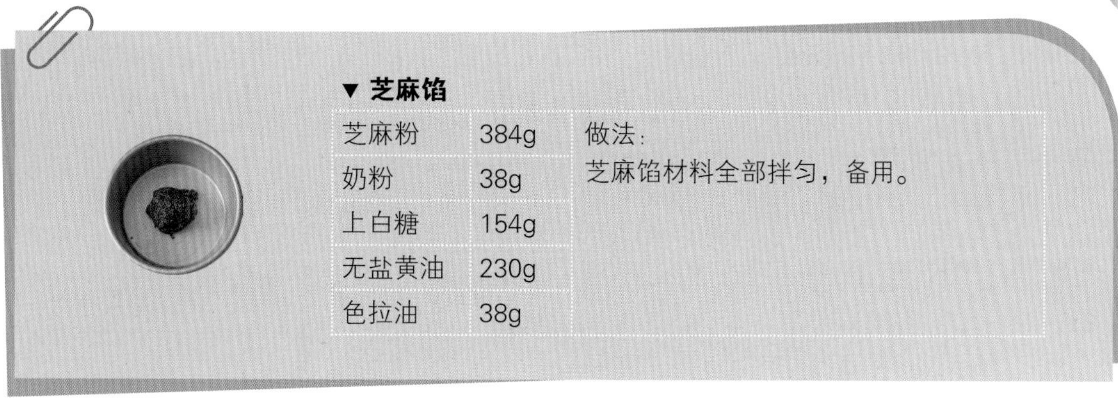

▼ **芝麻馅**

芝麻粉	384g	做法： 芝麻馅材料全部拌匀，备用。
奶粉	38g	
上白糖	154g	
无盐黄油	230g	
色拉油	38g	

制作步骤

搅拌基发

1 面团参考【产品数据】完成搅拌、基本发酵、翻面的操作。

分割滚圆

2 参考【产品数据】分割面团，滚圆，间距相等地排入不粘烤盘。

中间发酵

3 参考【产品数据】，将面团送入发酵箱发酵。

包馅松弛

4 轻轻拍扁，包入芝麻馅收口，收口处收紧实，搓成椭圆形，轻轻拍扁，面团表面盖上袋子冷藏松弛5分钟。

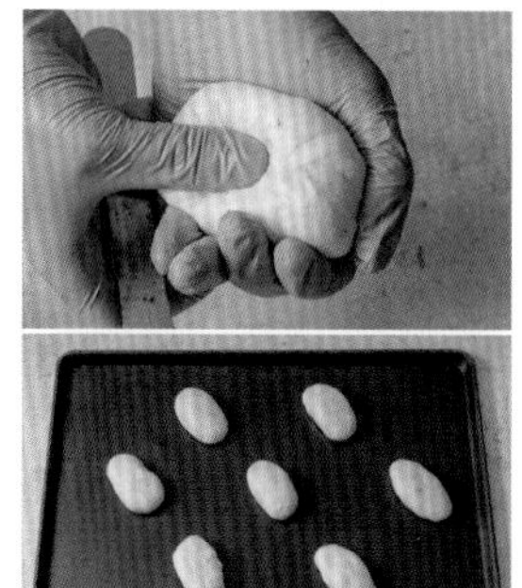

5 轻轻拍开面团，擀成长片状，在表面斜割10刀（注意不割断），翻面，双手将面团卷起，再将面团两端交叉，收口向上打成单结。

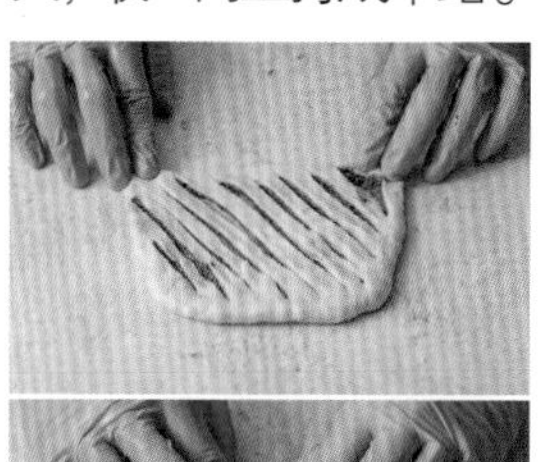

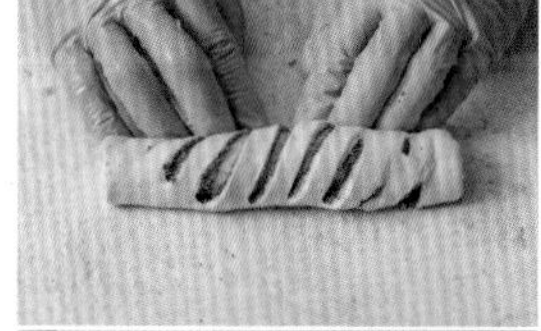

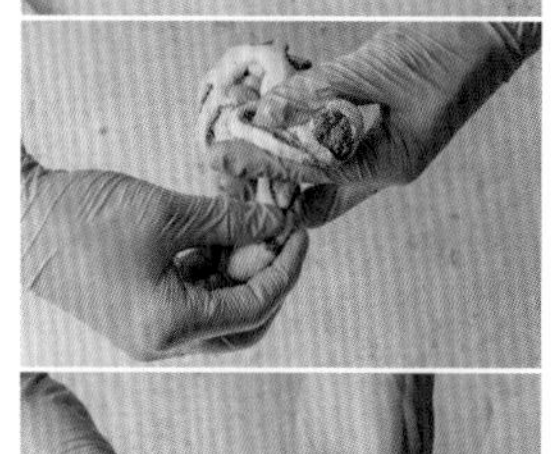

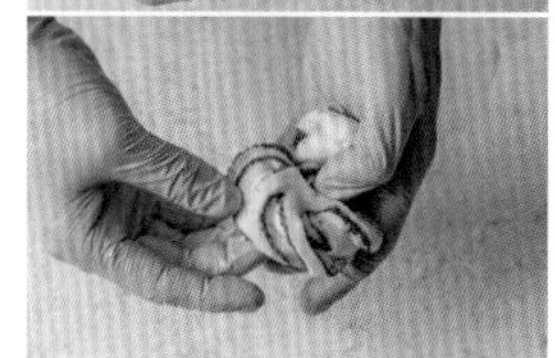

最后发酵

6 将面团间距相等地排入不粘烤盘，参考【产品数据】送入发酵箱发酵。

装饰烤焙

7 刷全蛋液，撒生白芝麻，参考【产品数据】烘烤。

No.9

古早味肉松面包

▼ 产品数据

搅拌基发	甜面包基本配方：直接法（详见第 8~9 页）
分割滚圆	面团 80g
中间发酵	40 分钟（温度 30~32°C/ 湿度 85%）
整形作业	详阅内文
最后发酵	40~50 分钟（温度 30~32°C/ 湿度 85%）
烤焙装饰	上火 200℃ / 下火 180℃，烤 12~13 分钟。抹沙拉酱（适量），沾裹海苔肉松（适量）

制作步骤

搅拌基发

1 面团参考【产品数据】完成搅拌、基本发酵、翻面的操作。

分割滚圆

2 参考【产品数据】分割面团，滚圆。

中间发酵

3 参考【产品数据】，将面团送入发酵箱发酵。

整形作业

4 将面团轻轻拍扁，用擀面棍擀成长片，底部用指腹压薄，从顶部往下收折卷起，收折成橄榄形（约10cm长）。

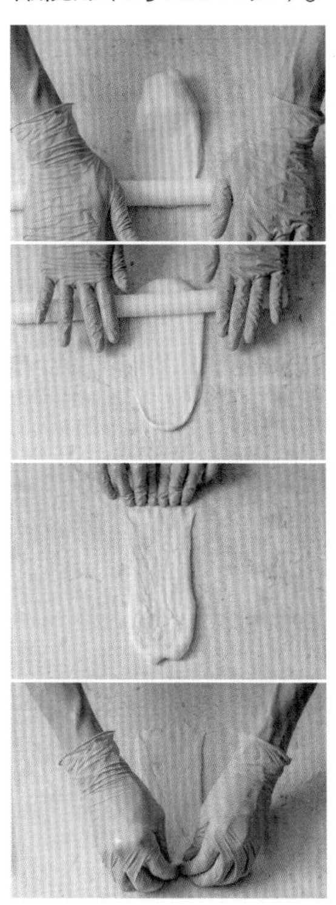

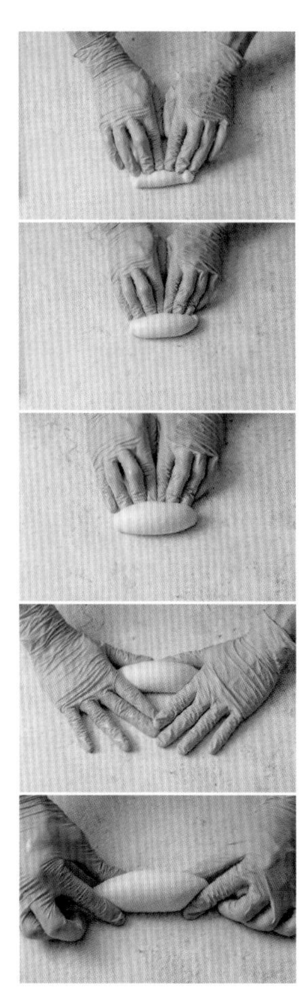

最后发酵

5 间距相等地排入不粘烤盘，参考【产品数据】送入发酵箱发酵。

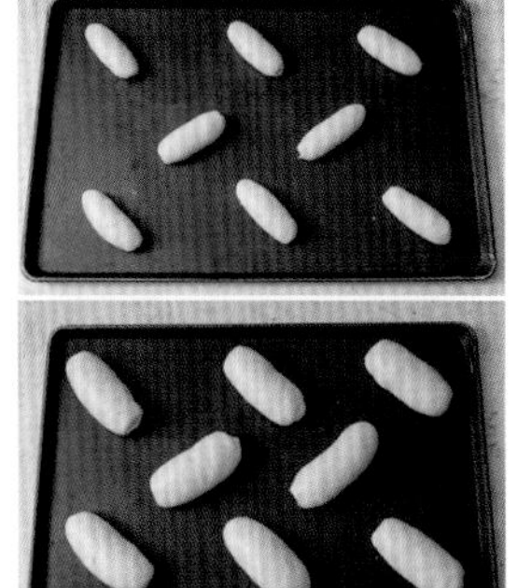

烤焙装饰

6 参考【产品数据】烘烤，出炉后震一下烤盘（震出热气），在面包上方表面抹上沙拉酱，沾裹海苔肉松。

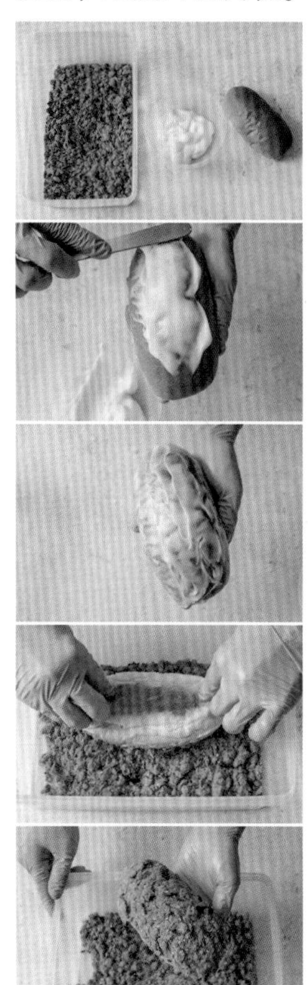

No.10

古早味玉米卡士达面包

▼ 产品数据

搅拌基发	甜面包基本配方：直接法（详见第 8~9 页）
分割滚圆	面团 25g×3（1 份需三团）
中间发酵	40 分钟（温度 30~32°C/ 湿度 85%）
整形松弛	详阅内文
最后发酵	40~50 分钟（温度 30~32°C/ 湿度 85%）
铺馅烤焙	刷全蛋液，铺玉米粒卡士达馅［由卡士达馅 165g（做法见 17 页）与玉米粒 660g 混匀］30g，上火 200℃ / 下火 180℃，烤 12~13 分钟。出炉刷上蛋酱（做法见 19 页）

制作步骤

搅拌基发

1 面团参考【产品数据】完成搅拌、基本发酵、翻面的操作。

分割滚圆

2 参考【产品数据】分割面团，滚圆。

中间发酵

3 参考【产品数据】，将面团送入发酵箱发酵。

整形松弛

4 将面团轻轻拍扁，用擀面棍擀成片状，底部用指腹压薄，从顶部往下收折卷起，收折成长条形，面团表面盖上袋子冷藏松弛10分钟。

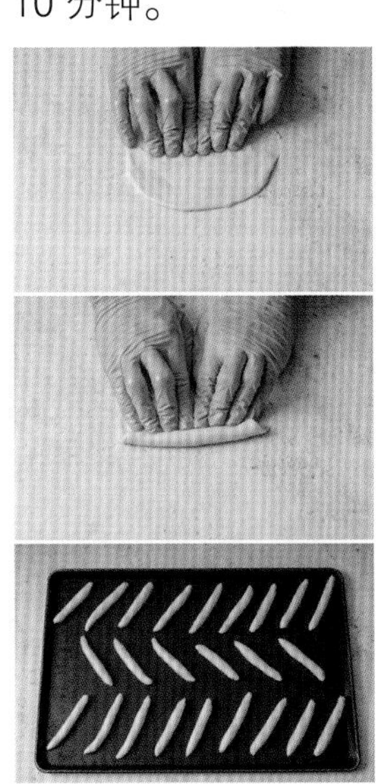

5 搓成约15cm长，三个面条取一端相连，编成三股辫，辫子绑好后将头尾捏紧。

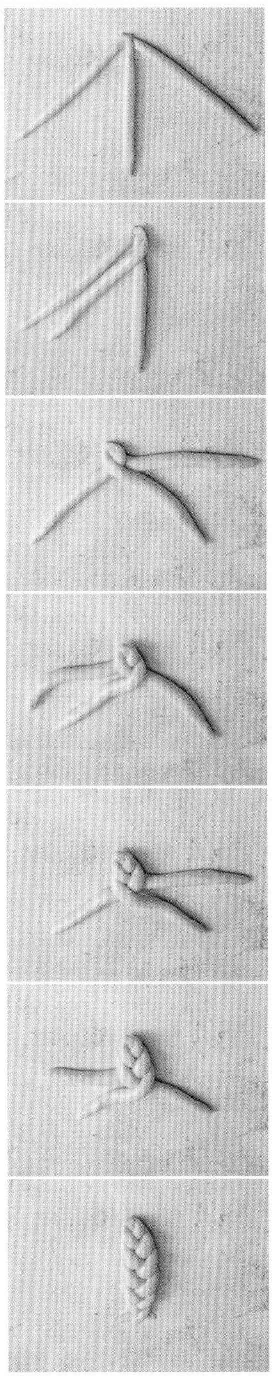

最后发酵

6 间距相等地排入不粘烤盘，参考【产品数据】送入发酵箱发酵。

铺馅烤焙

7 刷上全蛋液，铺上玉米粒卡士达馅30g，参考【产品数据】烘烤。

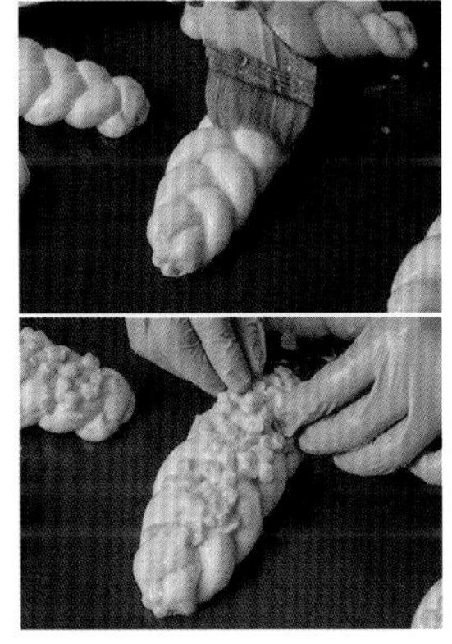

8 出炉后震一下烤盘（震出热气），刷上蛋酱。

盐可颂主面团

▼ **面团总重 2110g**

	材料名称	重量 / g	烘焙百分比
①	特高筋面粉	1000	100
	上白糖	80	8
	盐	20	2
	全脂奶粉	30	3
②	酸奶种	250	25
	水	650	65
③	新鲜酵母	30	3
④	无盐黄油	50	5

★ 新鲜酵母与速发干酵母的使用换算比例为 3 ∶ 1。

★ 如果觉得分量太多，可以用百分比自行换算所需分量。家庭制作可将配方量统一除以 2，用 500g 面粉的比例制作。

★ 奶粉使用全脂、低脂都可以。

★ 材料②的湿性材料可以称在一起。

★ 预先将无盐黄油室温软化，软化至指腹轻压有指痕的程度即可。

★ 酸奶种配方：法国粉 300g、原味酸奶 100g、水 200g、低糖酵母 1g。

制作步骤

酸奶种

1 水与低糖酵母拌溶；所有材料一同拌匀，封起，置于温度 28~30℃ 下发酵 3 小时，再冷藏 12~15 小时，隔天使用。

2 完成后确认酸奶种状态，用双手撕开面团表面。

3 可看到蜂巢状组织，即为成功，称出需要的量使用即可。

★ 冷藏可保存三天，不建议冷冻。

搅拌

4 在搅拌缸分区加入材料①干性材料，倒入材料②湿性材料。

5 慢速搅拌 1 分钟，成团后加入材料③，中速打 4~5 分钟。

6 打到均匀，转快速，打至面团柔软有光泽，用手撑开出现厚膜、破口边缘呈锯齿状。

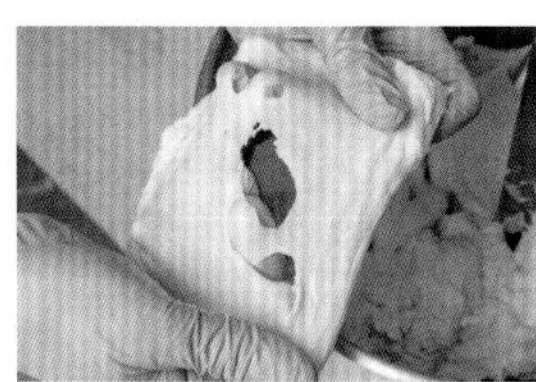

7 加入材料④，转慢速打至黄油吃进面团里，转中速打 2~3 分钟。

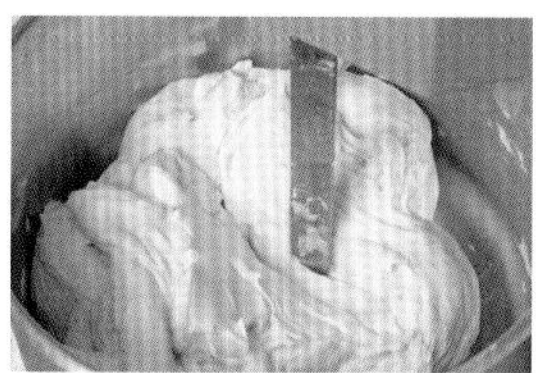

8 打至面团完全扩展，用手撑开出现薄膜、破口呈圆润状，搅拌完成温度为 26°C。

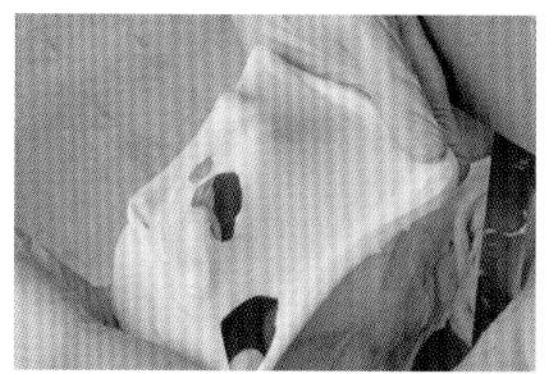

基本发酵

9 在不粘烤盘上喷上烤盘油（或刷任意油脂），放上面团，将己侧 1/3 面团朝中心折。

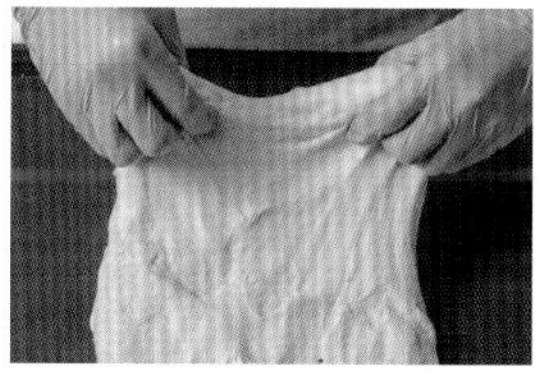

10 取另一侧 1/3 面团也朝中心折。

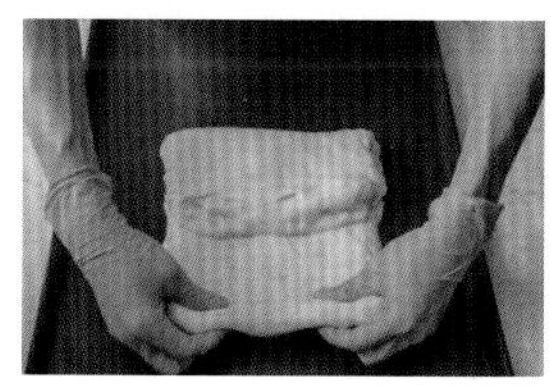

11 转向放置，此为三折一次。

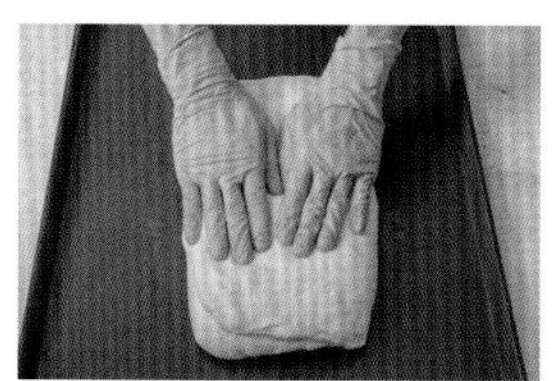

12 准备再三折一次，取己侧 1/3 面团朝中心折。

13 取另一侧 1/3 面团也朝中心折。

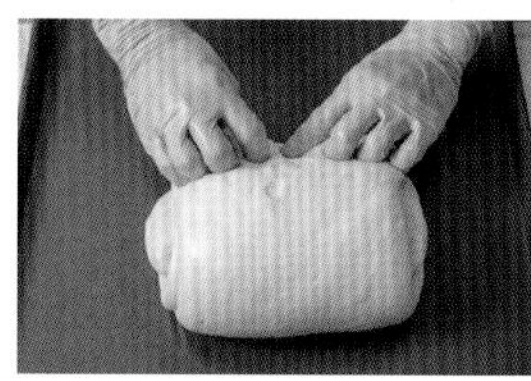

14 轻拍表面使其均一化（让面团发酵比较均匀），此为三折第二次（共三折两次）。

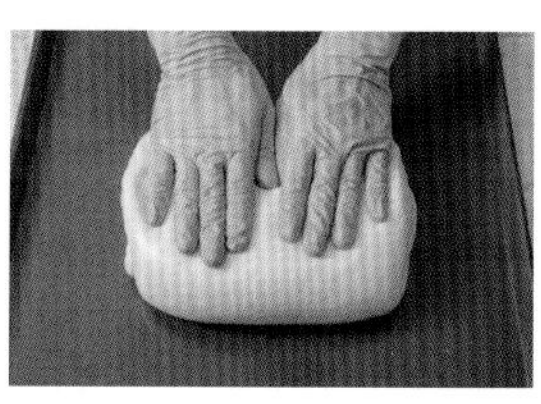

15 把面团转向放置，送入发酵箱基本发酵 60 分钟（温度 30°C/湿度 85%）。

分割

★基本发酵后参考内文的【产品数据】进行分割。

16 将面团用切面刀分割为每个 60g，轻轻滚圆。（可分割成 34~35 个）

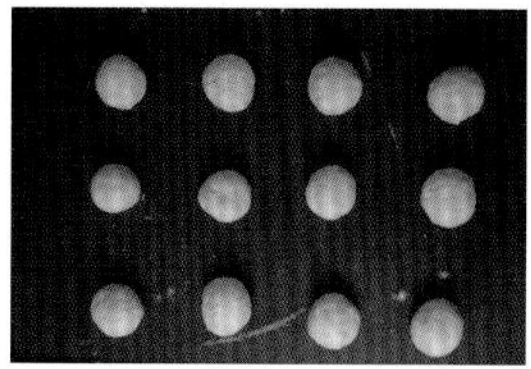

17 将面团用切面刀分割为每个 50g，轻轻滚圆。（可分割成 41~42 个）

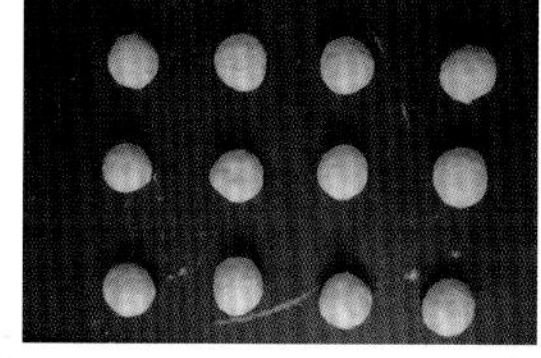

★分割面团时需避免重复切割（会破坏面筋），建议以井字形分割。

★将面团分割后，间距相等地排入不粘烤盘，送入发酵箱进行中间发酵，具体数据详阅各品项的【产品数据】。

B-2 日式果子主面团

▼ **面团总重 2137g**

	材料名称	重量 / g	烘焙百分比
①	特高筋面粉	1000	100
	上白糖	250	25
	海盐	12	1.2
	全脂奶粉	30	3
②	全蛋	150	15
	蛋黄	150	15
	水	240	24
	鲜奶	150	15
③	新鲜酵母	35	3.5
④	无盐黄油	120	12

★ 新鲜酵母与速发干酵母的使用换算比例为 3 ∶ 1。

★ 如果觉得分量太多，可以用百分比自行换算所需分量。家庭制作可将配方量统一除以 2，用 500g 面粉的比例制作。

★ 奶粉使用全脂、低脂都可以。

★ 材料②的湿性材料可以称在一起。

★ 预先将无盐黄油室温软化，软化至指腹轻压有指痕的程度即可。

制作步骤

搅拌

1 在搅拌缸分区加入材料①干性材料（上白糖只加一半），倒入材料②湿性材料。

2 慢速搅拌 1 分钟，打至成团，转中速打 5 分钟，有面筋出现后加入剩余的上白糖。

3 打至出现光滑亮面，加入材料③，中速打 4~5 分钟，打到均匀。

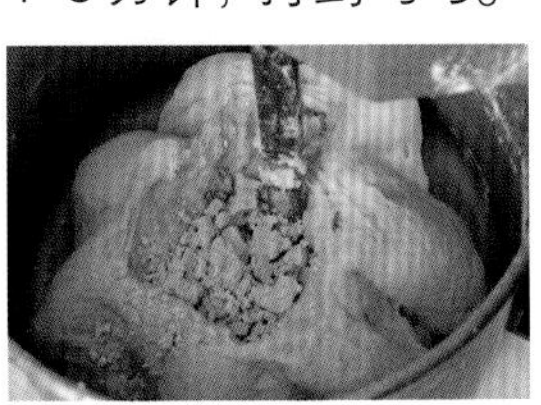

4 转快速，打至面团柔软有光泽，用手撑开出现厚膜、破口边缘呈锯齿状。

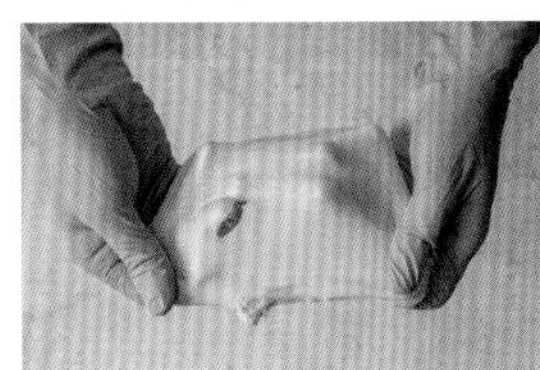

5 加入材料④，转慢速打至黄油吃进面团里，转中速打 2~3 分钟。

6 打至面团完全扩展，用手撑开出现薄膜、破口呈圆润状，搅拌完成温度为 26°C。

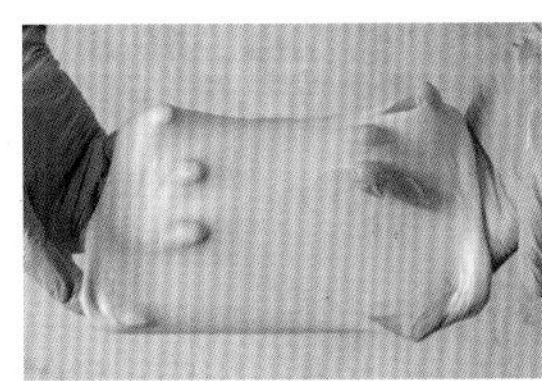

基本发酵

7 在不粘烤盘上喷上烤盘油（或刷任意油脂），放上面团，将己侧 1/3 面团朝中心折。

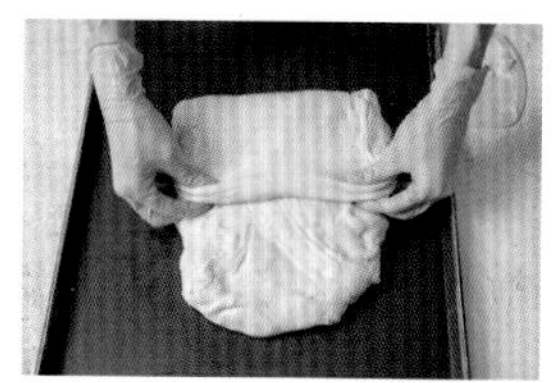

8 将已折叠的面团向前翻折。

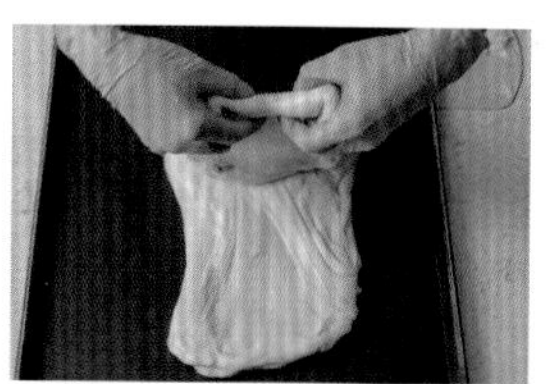

9 把面团转向放置。

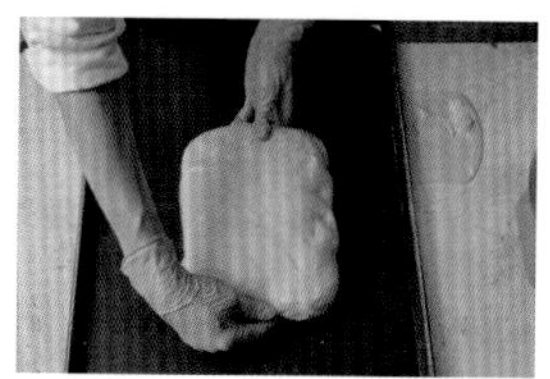

10 此为三折一次，送入发酵箱发酵 25 分钟（温度 30℃/ 湿度 85%）。

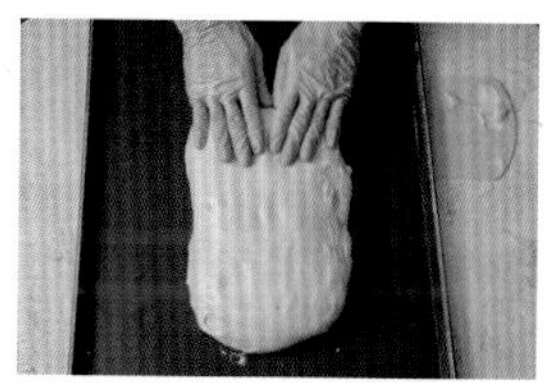

翻面

11 时间到取出，准备再三折一次，双手将面团从中心托起。

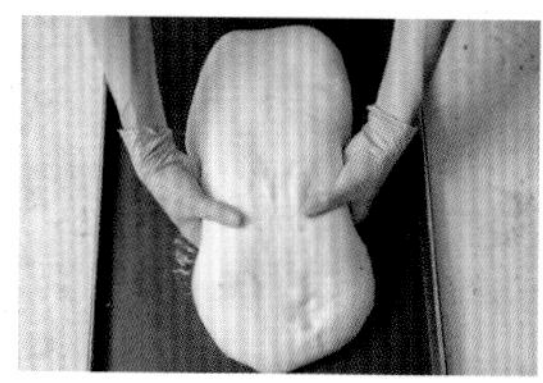

12 前 1/3 面团顺势朝下收折。

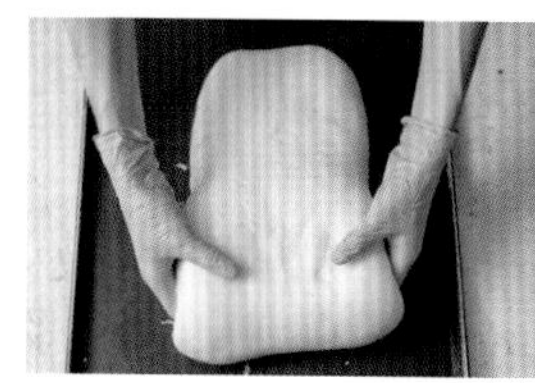

13 手托着已折叠的面团，将整个面团拿起，再放下，顺势收折。

14 面团会呈现三折一次后的形状，轻拍，拍去发酵过程中表面产生的过多空气。

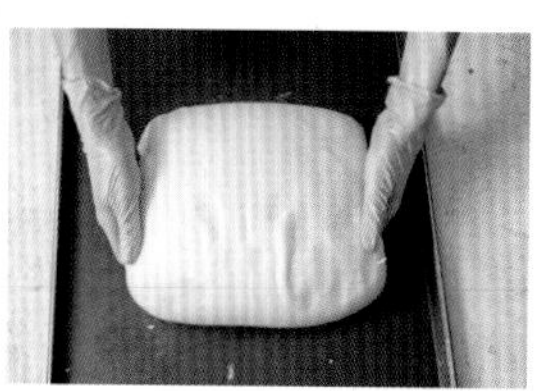

15 把面团转向放置，送入发酵箱发酵25分钟（温度 30℃/ 湿度 85%）。

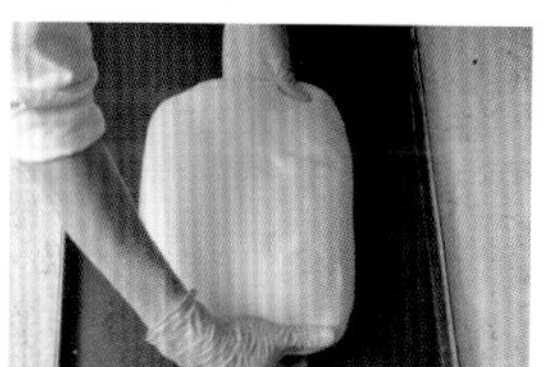

分割

★基本发酵→翻面后参考内文的【产品数据】进行分割。

16 将面团用切面刀分割为每个 60g，轻轻滚圆。（可分割成 35~36 个）

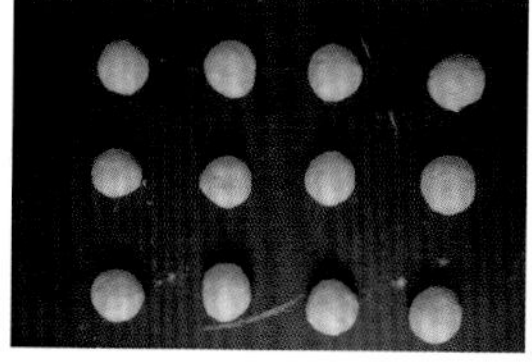

17 将面团用切面刀分割为每个 50g，轻轻滚圆。（可分割成 42~43 个）

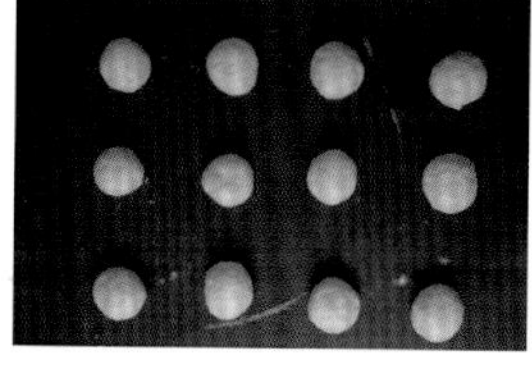

★ 分割面团时需避免重复切割（会破坏面筋），建议以井字形分割。

★ 分割后，间距相等地排入不粘烤盘，送入发酵箱进行中间发酵，具体数据详阅各品项的【产品数据】。

日式盐可颂

▼ **产品数据**

搅拌基发	盐可颂主面团（详见第 32~33 页）
分割滚圆	面团 50g
中间发酵	30 分钟（温度 30°C/ 湿度 85%）
整形包馅	详阅内文（每个包一条 10g 有盐黄油）
最后发酵	50 分钟（温度 30°C/ 湿度 85%）
装饰烤焙	喷水，撒少许盐之花，入炉后在炉内喷约 3 秒水汽，上火 220℃ / 下火 200℃，烤 12~13 分钟

制作步骤

搅拌基发

1 面团参考【产品数据】完成搅拌、基本发酵的操作。

分割滚圆

2 参考【产品数据】分割面团，滚圆，间距相等地排入不粘烤盘。

★ 面团需避免重复切割（会破坏面筋），建议以井字形分割。

中间发酵

3 参考【产品数据】，将面团送入发酵箱发酵。

整形包馅

4 面团用手搓成水滴状，从中心朝前擀。

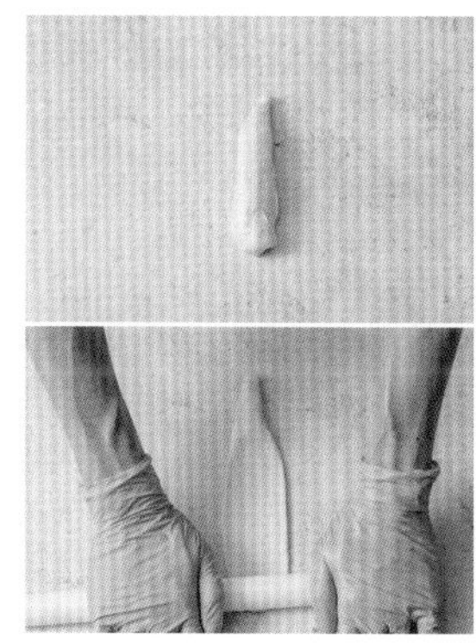

5 一手拉着面团后端，一手向前擀长，擀成长条形，翻面。

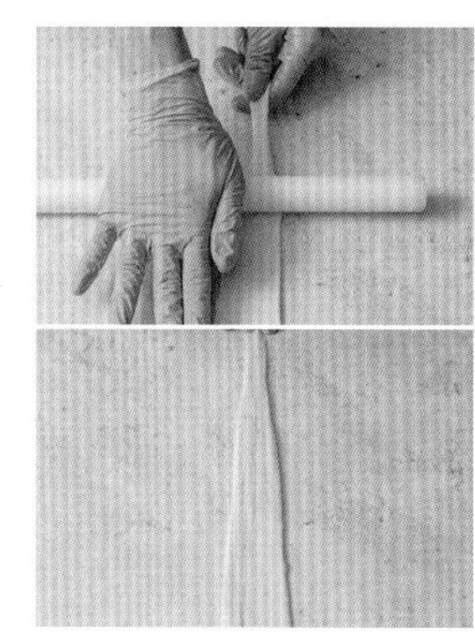

6 在最宽处放上一条预切好的10g有盐黄油，从上往下卷起，做成可颂形状。

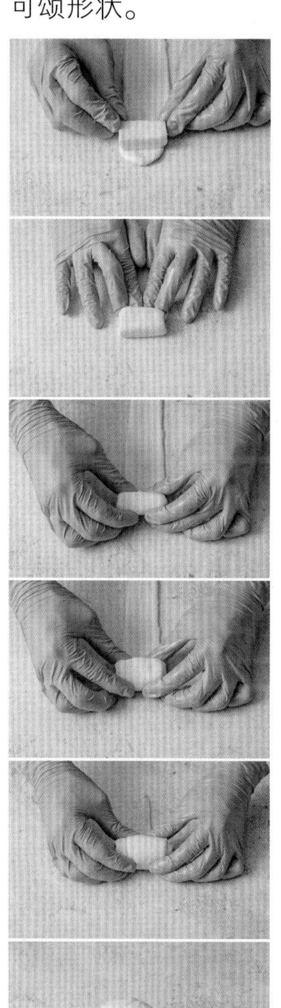

最后发酵

7 间距相等地排入不粘烤盘，参考【产品数据】送入发酵箱发酵。

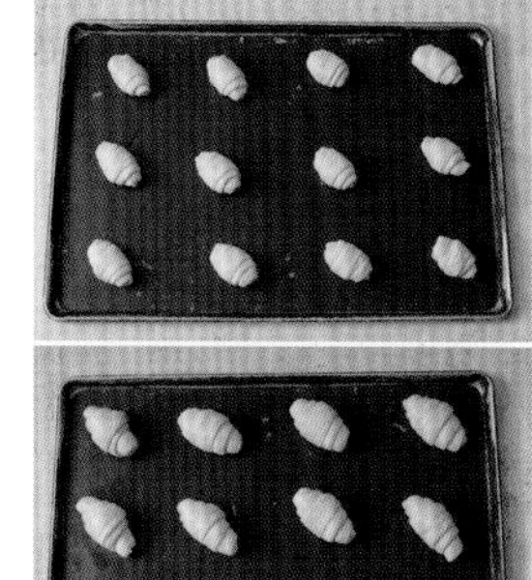

装饰烤焙

8 喷水，撒少许盐之花，送入预热好的烤箱，入炉后在炉内喷约3秒水汽，参考【产品数据】烘烤。

★ 烘烤的温度、时间仅供参考，需依烤箱不同微调数据。

WUMAi

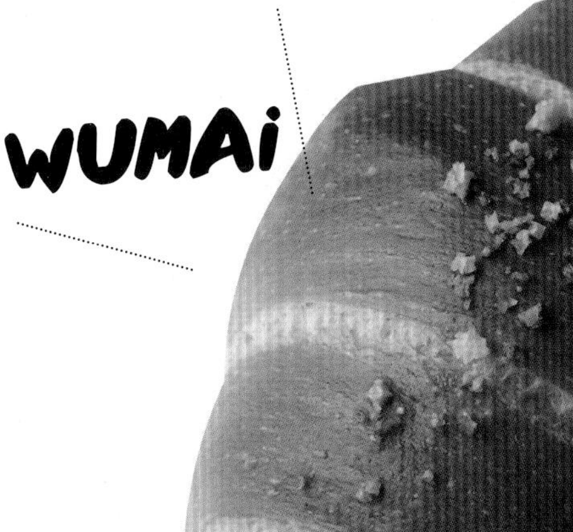

日式海盐小德肠

▼ 产品数据

搅拌基发	盐可颂主面团（详见第 32~33 页）
分割滚圆	面团 50g
中间发酵	30 分钟（温度 30°C/ 湿度 85%）
整形包馅	详阅内文（备妥 15cm 长的德式香肠）
最后发酵	50 分钟（温度 30°C/ 湿度 85%）
装饰烤焙	喷水，撒少许盐之花，入炉后在炉内喷约 3 秒水汽，上火 220℃ / 下火 200℃，烤 12~13 分钟

制作步骤

搅拌基发

1　面团参考【产品数据】完成搅拌、基本发酵的操作。

分割滚圆

2　参考【产品数据】分割面团，滚圆，间距相等地排入不粘烤盘。

★面团需避免重复切割（会破坏面筋），建议以井字形分割。

中间发酵

3　参考【产品数据】，将面团送入发酵箱发酵。

整形包馅

4　轻轻拍开面团，用擀面棍擀成椭圆片，转向放置，底部用指尖压薄，从上往下收折卷起，搓长。

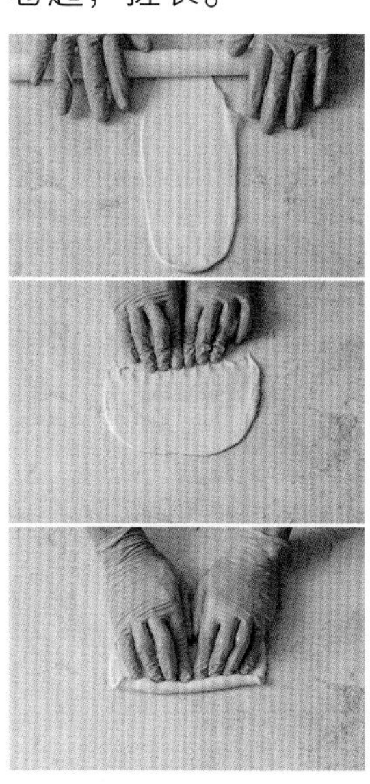

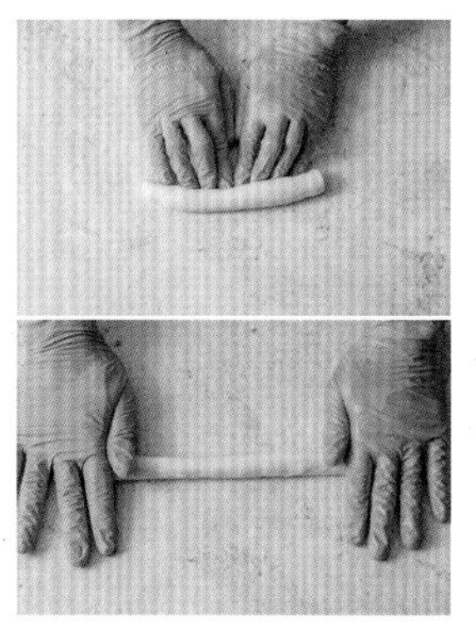

5　间距相等地排入不粘烤盘，盖上袋子，冷藏松弛3~5分钟，再搓长至25~30cm。

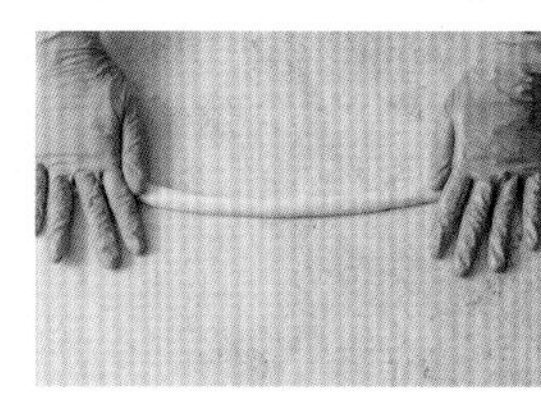

6　一手拿着德式香肠，一手将面团顺着德肠绕4~5圈，尾部收在圈内。

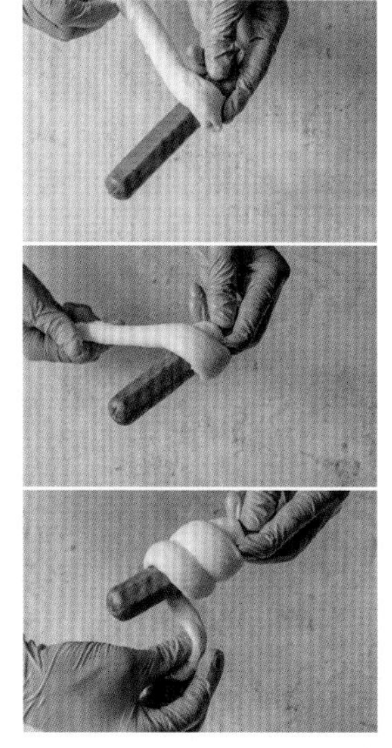

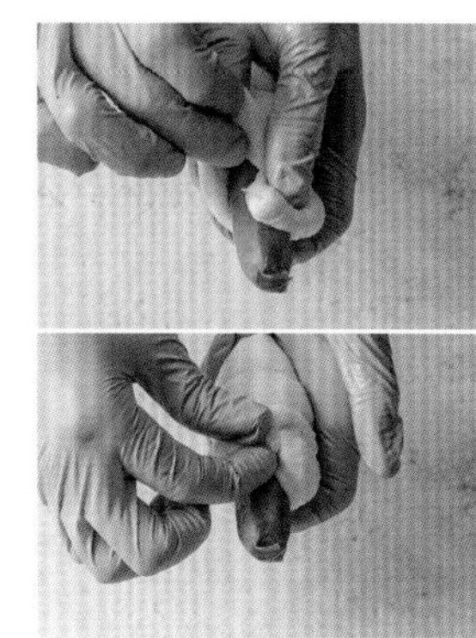

最后发酵

7　间距相等地排入不粘烤盘，参考【产品数据】送入发酵箱发酵。

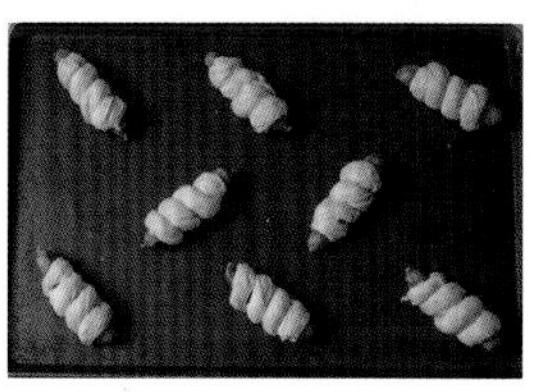

装饰烤焙

8　喷水，撒少许盐之花，送入预热好的烤箱，入炉后在炉内喷约3秒水汽，参考【产品数据】烘烤。

★烘烤的温度、时间仅供参考，需依烤箱不同微调数据。

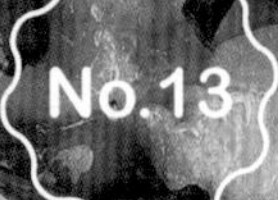

日式马铃薯脆菇

▼ **产品数据**

搅拌基发	盐可颂主面团（详见第 32~33 页）
分割滚圆	面团 50g
中间发酵	20 分钟（温度 30°C/ 湿度 85%）
整形挤馅	详阅内文（挤适量马铃薯乳酪泥）
最后发酵	60 分钟（温度 30°C/ 湿度 85%）
装饰烤焙	铺 20g 脆菇 *，撒芝士碎（适量），上火 210℃ / 下火 190℃，烤 11~12 分钟

编者注：* 作者使用的是熟制品“麦之田养生脆菇”，读者可购买新鲜茶树菇、柳松菇等，氽烫后使用。

制作步骤

搅拌基发

1　面团参考【产品数据】完成搅拌、基本发酵的操作。

分割滚圆

2　参考【产品数据】分割面团，滚圆，间距相等地排入不粘烤盘。

★ 面团需避免重复切割（会破坏面筋），建议以井字形分割。

中间发酵

3　参考【产品数据】，将面团送入发酵箱发酵。

整形挤馅

4　重新滚圆，再轻轻拍开面团，用擀面棍擀成椭圆片。

★ 面团擀开后尽量控制在长 10cm、宽 5cm 内，不可擀得过薄，厚薄适当的面包食用时较有口感。

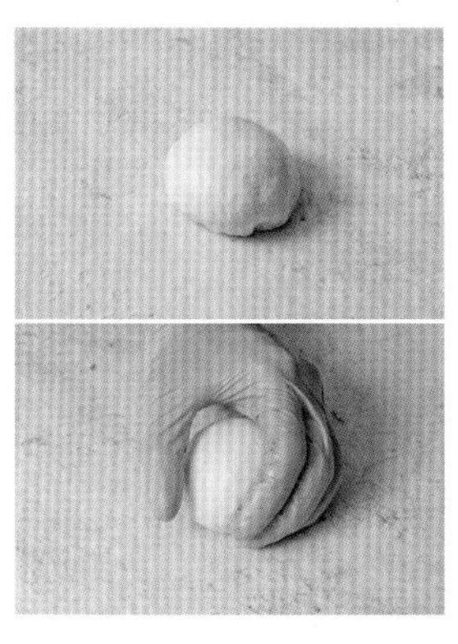

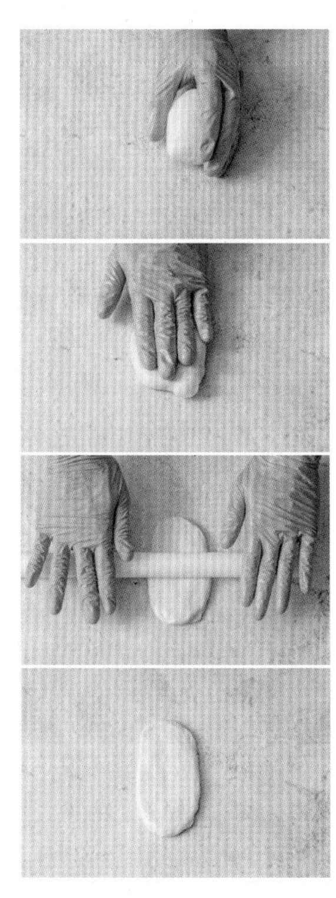

5　间距相等地排入不粘烤盘，挤适量马铃薯乳酪泥。

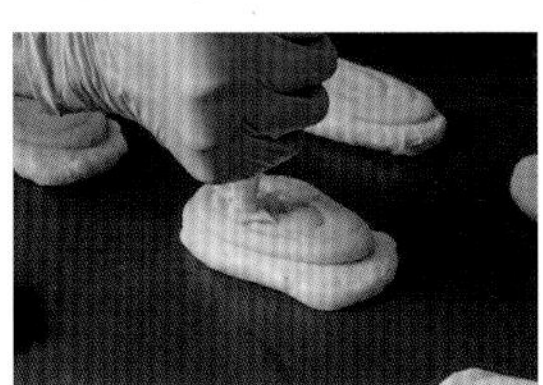

最后发酵

6　参考【产品数据】送入发酵箱发酵。

装饰烤焙

7　铺 20g 脆菇，撒上芝士碎（适量），送入预热好的烤箱，参考【产品数据】烘烤。

★ 烘烤的温度、时间仅供参考，需依烤箱不同微调数据。

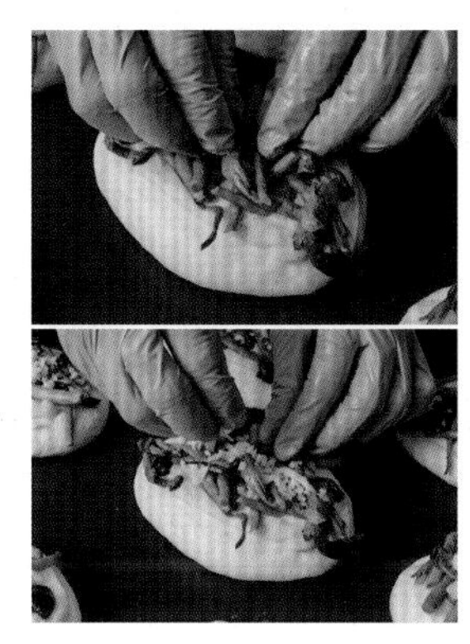

日式竹轮金枪鱼卷

▼ **产品数据**

搅拌基发	盐可颂主面团（详见第 32~33 页）
分割滚圆	面团 50g
中间发酵	30 分钟（温度 30°C/ 湿度 85%）
整形制作	详阅内文（备妥竹轮金枪鱼）
最后发酵	60 分钟（温度 30°C/ 湿度 85%）
装饰烤焙	撒芝士碎（适量）、海盐（适量），上火 210℃ / 下火 190℃，烤 11~12 分钟

▼ **金枪鱼馅**

金枪鱼	300g	做法：
沙拉酱	150g	1. 洋葱切碎点，大小尽量保持在 0.5cm 内。 2. 金枪鱼一定要沥干，并且搓开（口感会较绵密易化）。
洋葱碎	150g	3. 沙拉酱可依各人口味选择做甜沙拉或咸沙拉。
黑胡椒粒	5g	4. 将所有材料拌匀备用。

制作步骤

备料

1 竹轮从中间剖开，填入拌好的金枪鱼馅。

搅拌基发

2 面团参考【产品数据】完成搅拌、基本发酵的操作。

分割滚圆

3 参考【产品数据】分割面团，滚圆，间距相等地排入不粘烤盘。

★面团需避免重复切割（会破坏面筋），建议以井字形分割。

中间发酵

4 参考【产品数据】，将面团送入发酵箱发酵。

整形制作

5 重新滚圆，再轻轻拍开面团，用擀面棍擀成椭圆片。

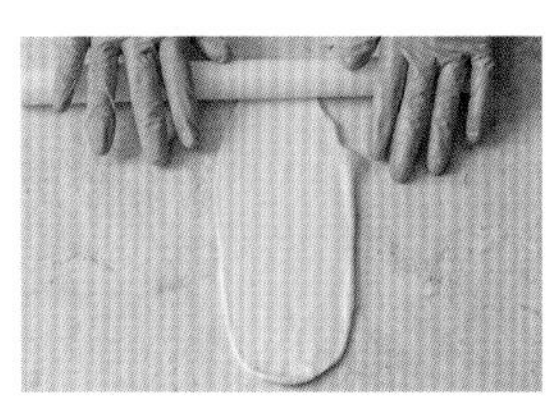

6 转向，底部用指腹压薄，将面片由上往下收折卷起，搓长。

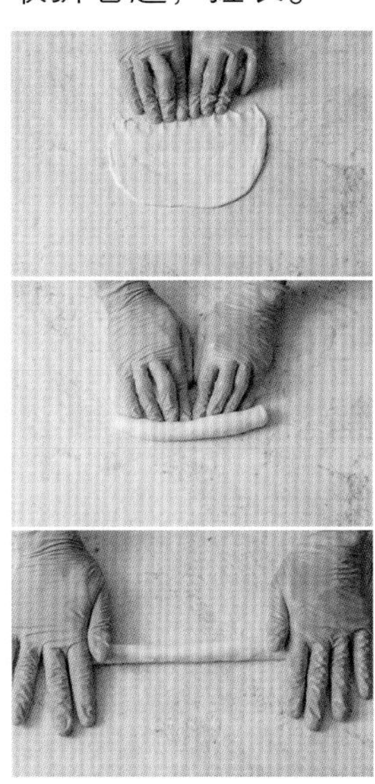

7 一手拿着竹轮金枪鱼，一手将面团顺着竹轮金枪鱼缠绕，尾部收在圈内。（竹轮长约 16cm；面团长约 53cm）

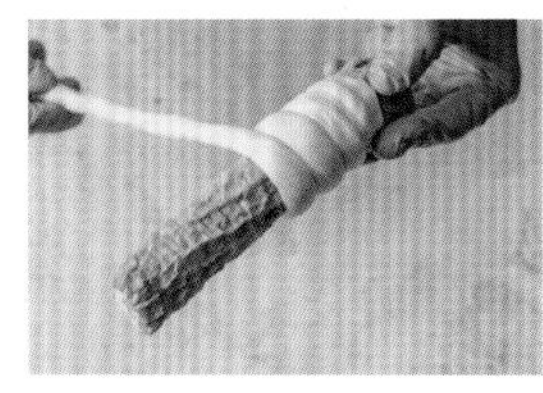

最后发酵

8 间距相等地排入不粘烤盘，参考【产品数据】送入发酵箱发酵。

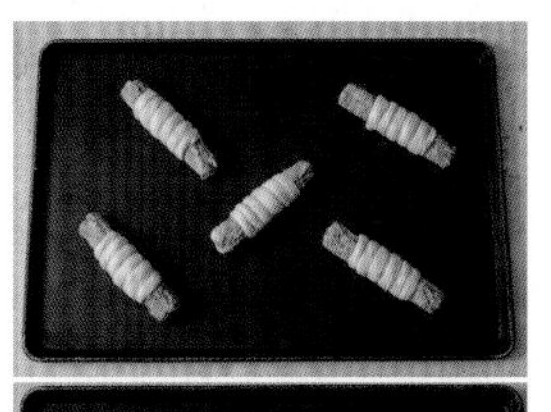

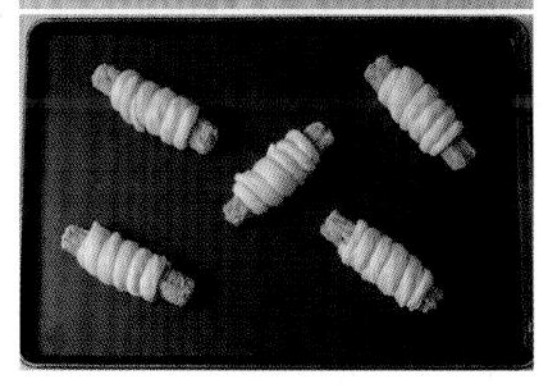

装饰烤焙

9 撒上芝士碎（适量）、海盐（适量），送入预热好的烤箱，参考【产品数据】烘烤。

★烘烤的温度、时间仅供参考，需依烤箱不同微调数据。

No.15

日式白酱毛豆烧

▼ **产品数据**

搅拌基发	盐可颂主面团（详见第 32~33 页）
分割滚圆	面团 60g
中间发酵	20 分钟（温度 30°C/ 湿度 85%）
整形制作	详阅内文
最后发酵	50 分钟（温度 30°C/ 湿度 85%）
装饰烤焙	挤白酱（适量）、铺适量毛豆与芝士碎，上火 210℃ / 下火 190℃，烤 11~12 分钟

▼ **白酱**

无盐黄油	50g	做法：
鲜奶	300g	1. 鲜奶搅拌加热至沸腾后离火。
法国粉	30g	2. 无盐黄油加热成液态，加入法国粉，以中小火慢慢炒匀糊化。
黑胡椒粒	1g	3. 再将鲜奶慢慢倒入拌匀（用全脂、低脂奶都可以），加入剩余的调味材料拌匀，拌成固态状即可。
盐	1.5g	
豆蔻粉	1g	★ 在制作白酱时，要注意火候大小，尽量别开大火，防止煮焦，调味可依各人喜好调整。

制作步骤

备料

1 毛豆预先烫熟，捞起沥干。

搅拌基发

2 面团参考【产品数据】完成搅拌、基本发酵的操作。

分割滚圆

3 参考【产品数据】分割面团，滚圆，间距相等地排入不粘烤盘。

★ 面团需避免重复切割（会破坏面筋），建议以井字形分割。

中间发酵

4 参考【产品数据】，将面团送入发酵箱发酵。

整形制作

5 将面团重新滚圆，再轻轻拍开，用擀面棍擀成圆片。

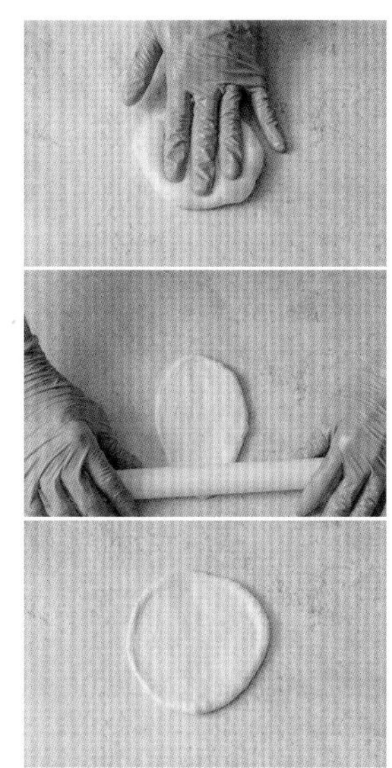

最后发酵

6 间距相等地排入不粘烤盘，参考【产品数据】送入发酵箱发酵。

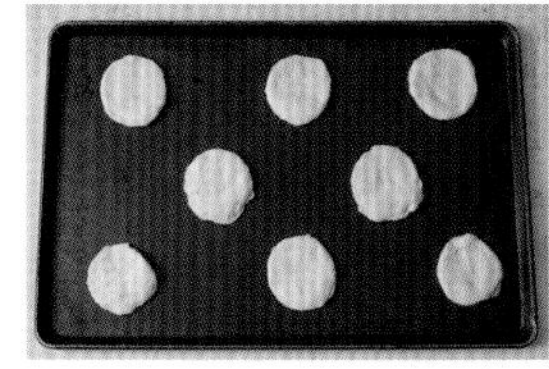

装饰烤焙

7 挤白酱（适量）、铺适量毛豆与芝士碎，送入预热好的烤箱，参考【产品数据】烘烤。

★ 烘烤的温度、时间仅供参考，需依烤箱不同微调数据。

No.16

日式果子
味噌乳酪芦笋

▼ 产品数据

搅拌基发	日式果子主面团（详见第 34~35 页）
分割滚圆	面团 50g
中间发酵	40 分钟（温度 30℃ / 湿度 85%）
整形包馅	详阅内文（抹味噌乳酪 8g，铺新鲜芦笋 5 支，整形，喷水，滚上芝士碎）
最后发酵	50 分钟（温度 30℃ / 湿度 85%）
装饰烤焙	撒黑胡椒粒，上火 210℃ / 下火 190℃，烤 11~12 分钟

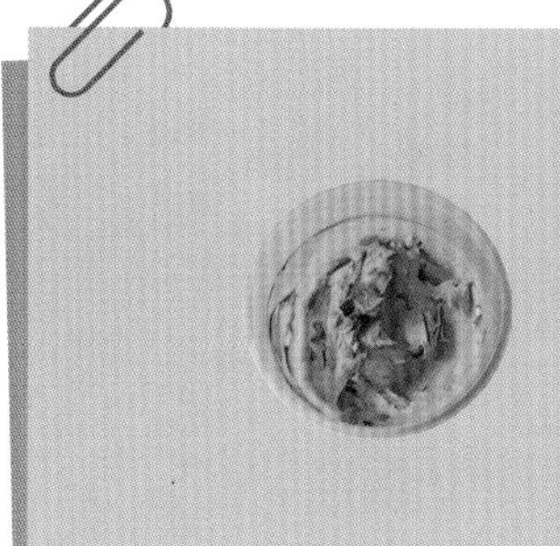

▼ 味噌乳酪

奶油奶酪	100g
白味噌	10g
细砂糖	30g

▲ 烫好的芦笋（适量）

制作步骤

味噌乳酪与烫芦笋

1 将味噌乳酪材料一同拌匀；汆烫新鲜芦笋，烫半熟后捞起沥干。

搅拌基发

2 面团参考【产品数据】完成搅拌、基本发酵、翻面的操作。

分割滚圆

3 参考【产品数据】分割面团，滚圆，间距相等地排入不粘烤盘。

★ 面团需避免重复切割（会破坏面筋），建议以井字形分割。

中间发酵

4 参考【产品数据】，将面团送入发酵箱发酵。

整形包馅

5 轻轻拍开面团，用擀面棍擀开，底部以指腹压薄，抹上味噌乳酪 8g。

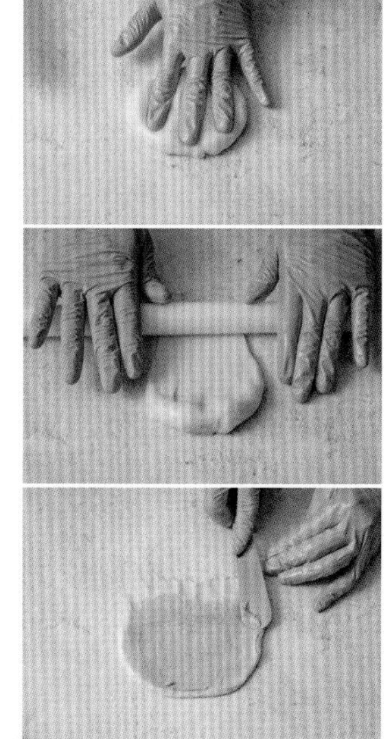

6 铺 5 支新鲜芦笋，收折卷起，捏紧底部接合处。

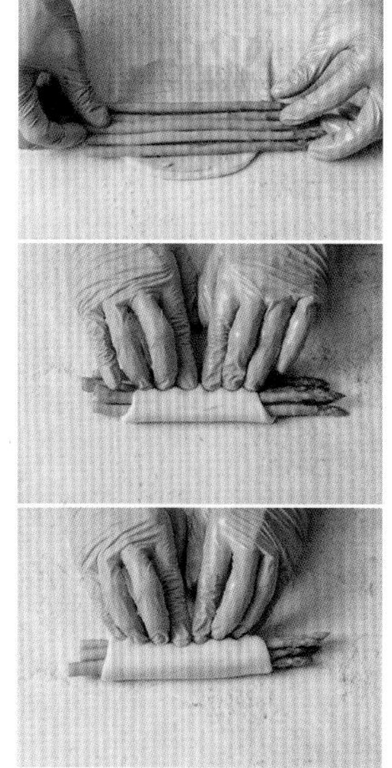

7 在面团表面喷水，滚上芝士碎。

最后发酵

8 间距相等地排入不粘烤盘，参考【产品数据】送入发酵箱发酵。

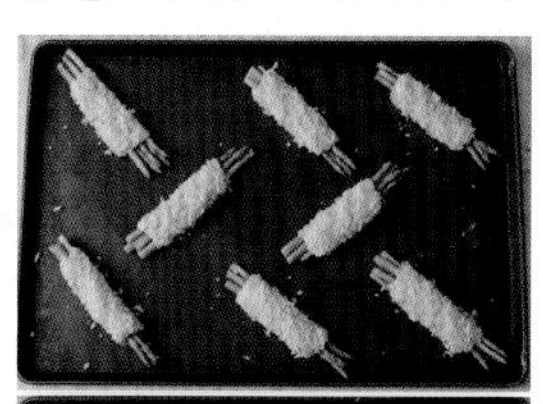

装饰烤焙

9 撒上黑胡椒粒，送入预热好的烤箱，参考【产品数据】烘烤。

★ 烘烤的温度、时间仅供参考，需依烤箱不同微调数据。

日式果子山药明太子烧

▼ 产品数据

搅拌基发	日式果子主面团（详见第 34~35 页）
分割滚圆	面团 50g
中间发酵	40 分钟（温度 30°C/ 湿度 85%）
整形铺料	详阅内文（铺山药片）
最后发酵	40 分钟（温度 30°C/ 湿度 85%）
烤焙装饰	上火 230℃ / 下火 200℃，烤 8~10 分钟，烤熟出炉，挤上明太子酱，再回烤 1~2 分钟，出炉装饰薄荷叶

▼ 明太子酱

明太子	300g	做法：
沙拉酱	300g	1. 无盐黄油预先软化。
山葵子	适量	2. 加入沙拉酱拌匀，加入明太子拌匀。
无盐黄油	150g	3. 加入山葵子拌匀，加入柠檬汁拌匀，冷藏备用。
柠檬汁	20g	

制作步骤

备料

1 山药洗净，将外皮大致削掉（可全削也可保留少许，山药外皮营养价值十分高）。

2 切约 0.5cm 薄片，汆烫至半熟，加入少许盐调味。

搅拌基发

3 面团参考【产品数据】完成搅拌、基本发酵、翻面的操作。

分割滚圆

4 参考【产品数据】分割面团，滚圆，间距相等地排入不粘烤盘。

★ 面团需避免重复切割（会破坏面筋），建议以井字形分割。

中间发酵

5 参考【产品数据】，将面团送入发酵箱发酵。

整形铺料

6 重新滚圆面团，轻轻拍开，以擀面棍擀开，间距相等地排入不粘烤盘，中心铺压山药片。

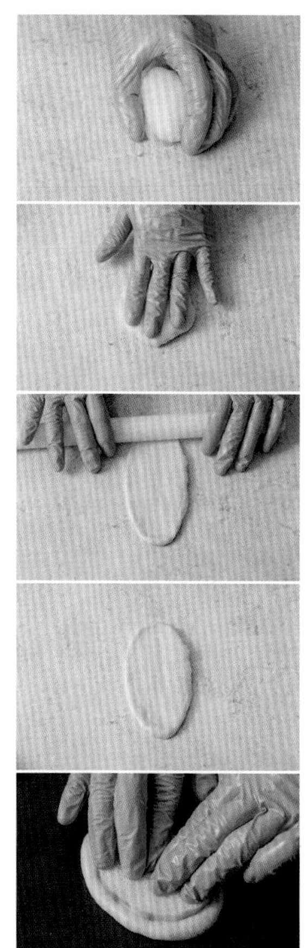

最后发酵

7 参考【产品数据】送入发酵箱发酵。

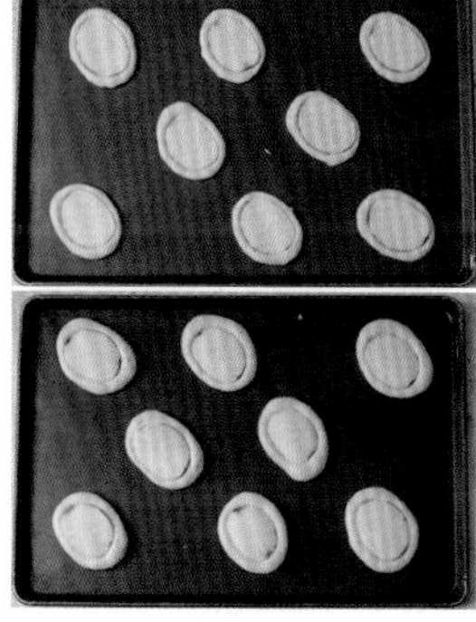

烤焙装饰

8 送入预热好的烤箱，参考【产品数据】烘烤，烤熟出炉，挤上明太子酱，再回烤 1~2 分钟。

★ 于短时间内烤焙完成最好，才不会影响山药片的口感和明太子酱的口味。

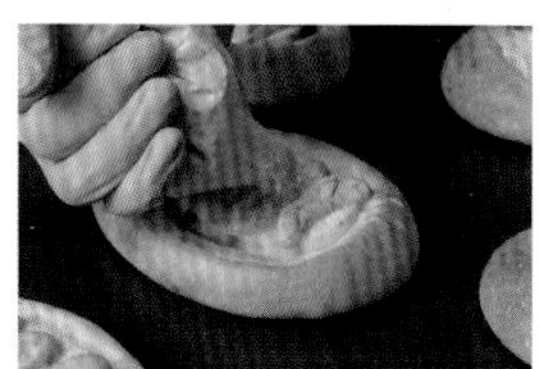

9 出炉装饰薄荷叶。

No.18

日式豆瓣酱蛋烧

▼ 产品数据

搅拌基发	日式果子主面团（详见第 34~35 页）
分割滚圆	面团 50g
中间发酵	40 分钟（温度 30℃ / 湿度 85%）
整形铺料	详阅内文（铺豆瓣酱蛋馅 30g）
最后发酵	40 分钟（温度 30℃ / 湿度 85%）
装饰烤焙	铺 3 片水煮蛋片，挤上沙拉酱，上火 220℃ / 下火 200℃，烤 10 分钟（出炉前 1~2 分钟取出烤盘，铺上芝士片），烤好后撒少许葱花

▼ **豆瓣酱蛋馅**

水煮蛋	300g	做法：
豆瓣酱	50g	1. 鸡蛋洗净，放入沸水中煮至熟透。 2. 将鸡蛋捞起放凉剥壳，再压碎。 3. 加入豆瓣酱拌匀，再加入沙拉酱拌匀。 ★ 另外煮几颗水煮蛋，剥壳切片备用。
沙拉酱	20~30g	

制作步骤

搅拌基发

1 面团参考【产品数据】完成搅拌、基本发酵、翻面的操作。

分割滚圆

2 参考【产品数据】分割面团，滚圆，间距相等地排入不粘烤盘。

★ 面团需避免重复切割（会破坏面筋），建议以井字形分割。

中间发酵

3 参考【产品数据】，将面团送入发酵箱发酵。

整形铺料

4 重新滚圆面团，轻轻拍开，以擀面棍擀开，铺豆瓣酱蛋馅 30g。

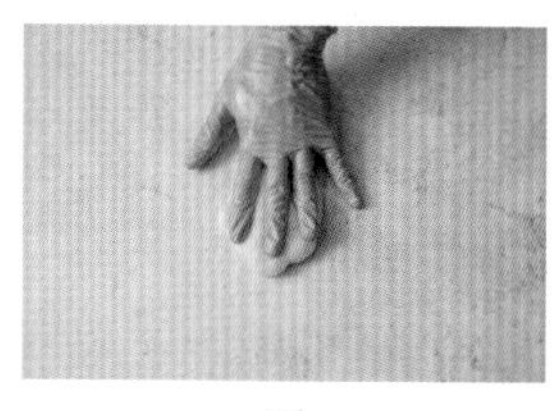

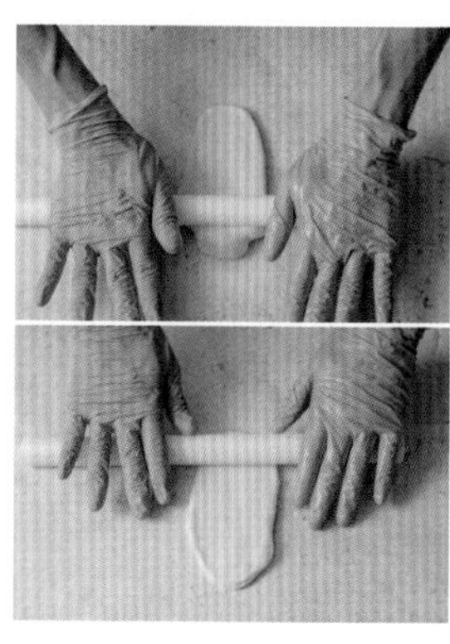

最后发酵

5 间距相等地排入不粘烤盘，参考【产品数据】送入发酵箱发酵。

装饰烤焙

6 铺 3 片水煮蛋片，挤上沙拉酱，送入预热好的烤箱，参考【产品数据】烘烤。

7 出炉前 1~2 分钟取出烤盘，铺上芝士片，再送回烤箱烘烤。

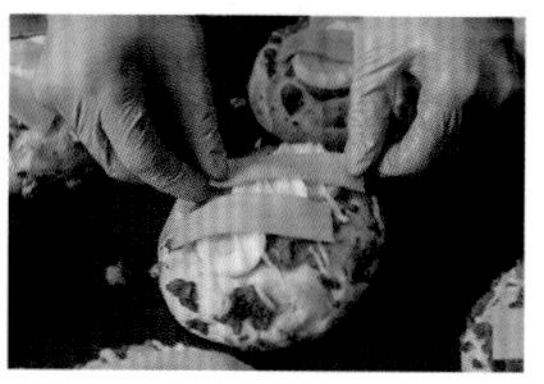

8 完成出炉，撒上少许葱花。

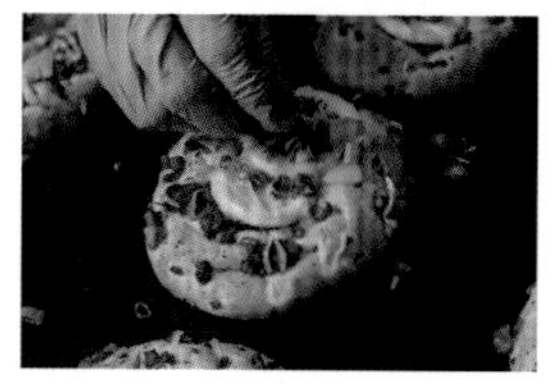

No.19

日式培根元气蛋

▼ 产品数据

搅拌基发	日式果子主面团（详见第 34~35 页）
分割滚圆	面团 50g
中间发酵	40 分钟（温度 30℃/ 湿度 85%）
整形制作	详阅内文（在直径 11cm 圆形耐烤硅胶模内部贴培根）
最后发酵	40 分钟（温度 30℃/ 湿度 85%）
装饰烤焙	戳洞，轻轻压出凹槽，中心打入鸡蛋，上火 230℃ / 下火 190℃，烤 12~14 分钟。出炉脱模，撒上少许黑胡椒粒

制作步骤

搅拌基发

1 面团参考【产品数据】完成搅拌、基本发酵、翻面的操作。

分割滚圆

2 参考【产品数据】分割面团，滚圆，间距相等地排入不粘烤盘。

★ 面团需避免重复切割（会破坏面筋），建议以井字形分割。

中间发酵

3 参考【产品数据】，将面团送入发酵箱发酵。

整形制作

4 培根片对半切，贴覆在圆形耐烤硅胶模（直径 11cm）内。

5 重新滚圆面团，轻轻拍开，再以擀面棍擀开。

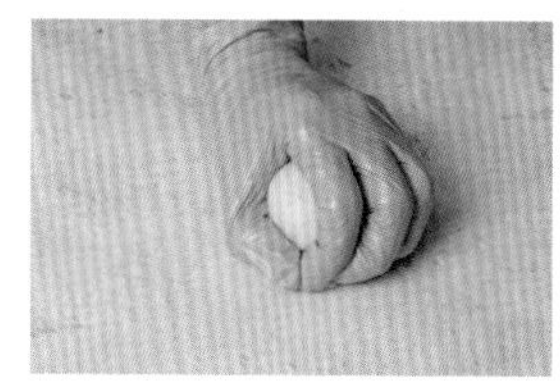

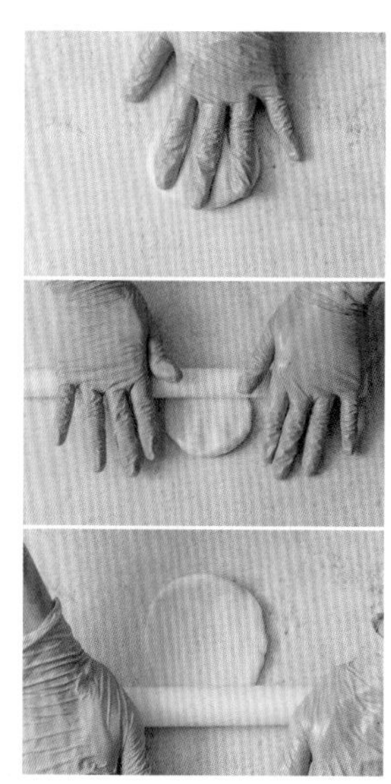

6 放入模具中。

最后发酵

7 间距相等地排入不粘烤盘，参考【产品数据】送入发酵箱发酵。

装饰烤焙

8 用筷子在面团上均匀地戳上洞（避免烘烤后中心膨起太多），用指间轻轻压出一个凹槽，并在凹槽中心打入鸡蛋，送入预热好的烤箱，参考【产品数据】烘烤。

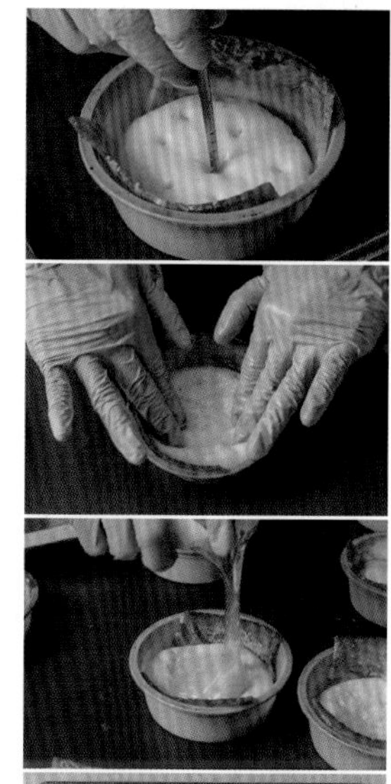

9 出炉脱模，撒上少许黑胡椒粒。

日式黄金核桃果子

▼ 黄金皮

蛋黄　　　300g
糖粉　　　100g
低筋面粉　150g

做法：

1. 将糖粉、低粉过筛，加入蛋黄拌匀。
2. 装入挤花袋中，备用。

▼ 柠檬乳酪酱

奶油奶酪　200g
细砂糖　　30g
柠檬汁　　10g

做法：

将奶油奶酪预先软化，再将所有材料拌匀即可。

▼ 产品数据

搅拌基发	日式果子主面团（详见第 34~35 页）
分割滚圆	面团 60g
中间发酵	40 分钟（温度 30°C/ 湿度 85%）
整形制作	详阅内文（橄榄形→刷蛋黄液静置 30~60 秒→裹上生碎核桃）
最后发酵	50 分钟（温度 30°C/ 湿度 85%）
装饰烤焙	挤上黄金皮，上火 200℃ / 下火 190℃，烤 12 分钟。出炉剖开，抹柠檬乳酪酱，再切开，抹柠檬乳酪酱，沾奶粉，筛上防潮糖粉

制作步骤

搅拌基发

1　面团参考【产品数据】完成搅拌、基本发酵、翻面的操作。

分割滚圆

2　参考【产品数据】分割面团，滚圆，间距相等地排入不粘烤盘。

★ 面团需避免重复切割（会破坏面筋），建议以井字形分割。

中间发酵

3　参考【产品数据】，将面团送入发酵箱发酵。

整形制作

4　收拢面团，再轻轻拍开，翻面，将面团尾端压薄，双手由上往下收折，收折成橄榄形。

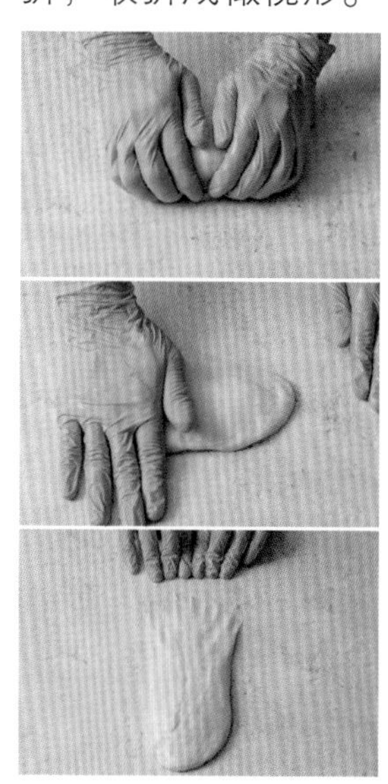

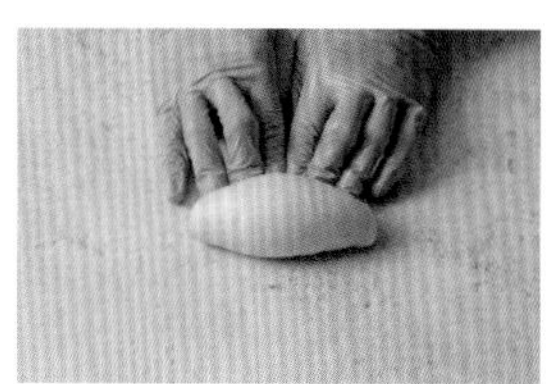

5　表面刷上蛋黄液，静置30~60秒（不要立刻沾裹核桃，要等一下）。

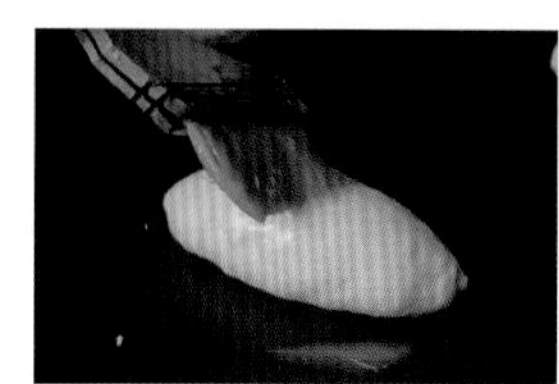

6　将生核桃稍微压碎，捏住面团底部，把刷上蛋黄液那面裹上碎核桃。

最后发酵

7　间距相等地排入不粘烤盘，参考【产品数据】送入发酵箱发酵。

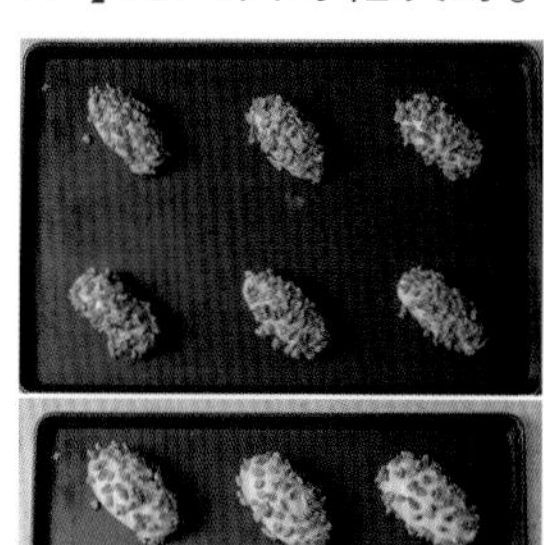

装饰烤焙

8　挤上黄金皮，送入预热好的烤箱，参考【产品数据】烘烤。

9　出炉剖开，抹上柠檬乳酪酱。

10　再切开，抹上柠檬乳酪酱，沾上奶粉，筛上防潮糖粉。

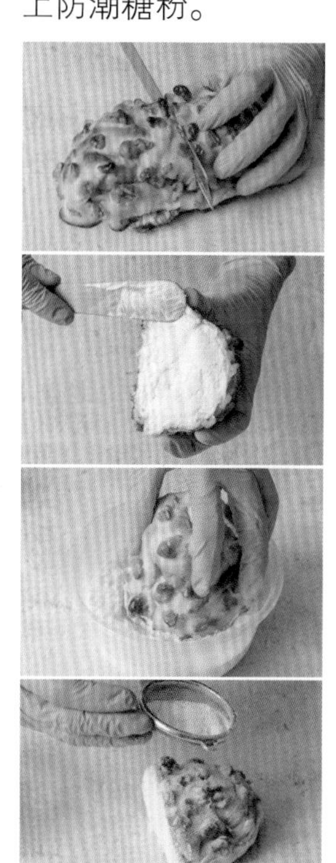

软欧面包面团 A

▼ **面团总重 3034g**

	材料名称	重量 / g	烘焙百分比
①	高筋面粉	1000	100
	盐	12	1.2
②	蜂蜜	150	15
	水	500	50
	鲜奶	200	20
③	速发干酵母	12	1.2
④	法国老面（见第 58 页）	1000	100
⑤	汤种（见第 58 页）	100	10
⑥	无盐黄油	60	6

★ 新鲜酵母与速发干酵母的使用换算比例为 3 ： 1。

★ 如果觉得分量太多，可以用百分比自行换算所需分量。家庭制作可将配方量统一除以 2，用 500g 面粉比例制作。

★ 材料②的湿性材料可以称在一起。

★ 预先将无盐黄油室温软化，软化至指腹轻压有指痕的程度即可。

制作步骤

搅拌

1　在搅拌缸分区加入材料①干性材料，倒入材料②湿性材料。

2　慢速搅拌 1 分钟，成团后加入材料③，中速打 2~4 分钟，打到均匀，转快速。

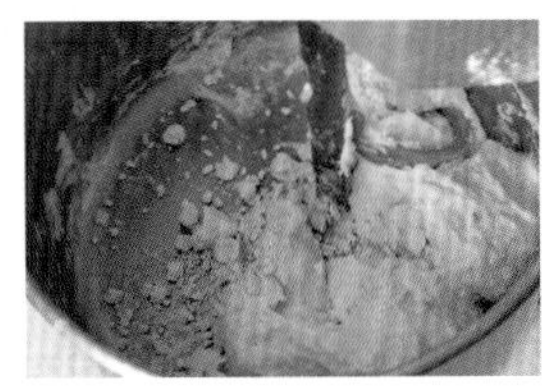

3　打至面团有延展性。

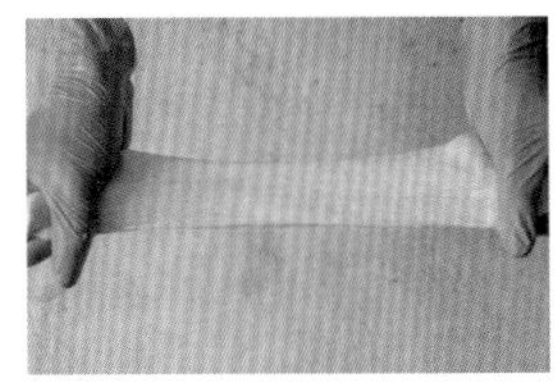

4　加入材料④（法国老面尽量在冰的状态下），中速打 2~3 分钟，打至法国老面与面团结合、呈光滑亮面。

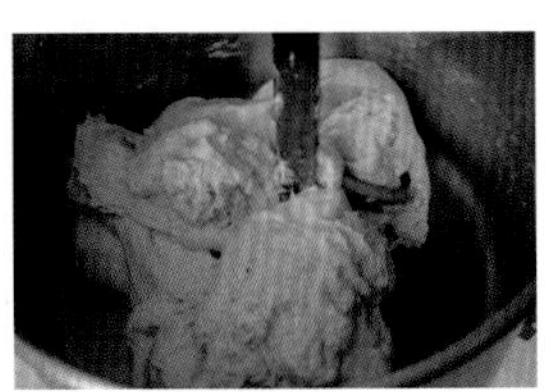

5　加入材料⑤，中速打约 2 分钟，打至汤种与面团结合，面团用手撑开出现厚膜、破口边缘呈锯齿状。

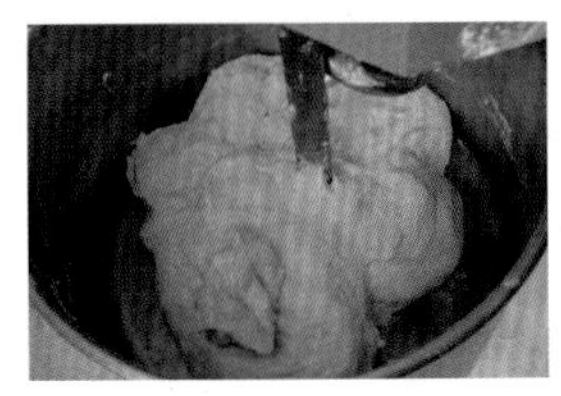

6　加入材料⑥，转慢速打至黄油吃进面团里（★ 配料此时可加），转中速打 2~3 分钟，打至面团完全扩展，用手撑开出现薄膜、破口呈圆润状，搅拌完成温度为 26°C。

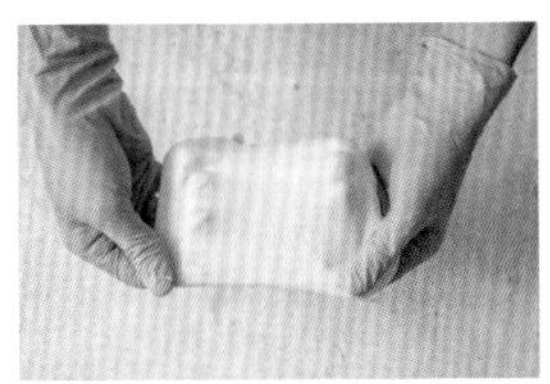

C-2 软欧面包面团 B

▼ **面团总重 2225g**

	材料名称	重量 / g	烘焙百分比
①	高筋面粉	1000	100
	细砂糖	60	6
	盐	15	1.5
②	水	680	68
③	新鲜酵母	30	3
④	法国老面（见第 58 页）	250	25
⑤	汤种（见第 58 页）	150	15
⑥	无盐黄油	40	4

★ 新鲜酵母与速发干酵母的使用换算比例为 3 ： 1。

★ 如果觉得分量太多，可以用百分比自行换算所需分量。家庭制作可将配方量统一除以 2，用 500g 面粉的比例制作。

★ 预先将无盐黄油室温软化，软化至指腹轻压有指痕的程度即可。

制作步骤

搅拌

1 在搅拌缸分区加入材料①干性材料，倒入材料②湿性材料。

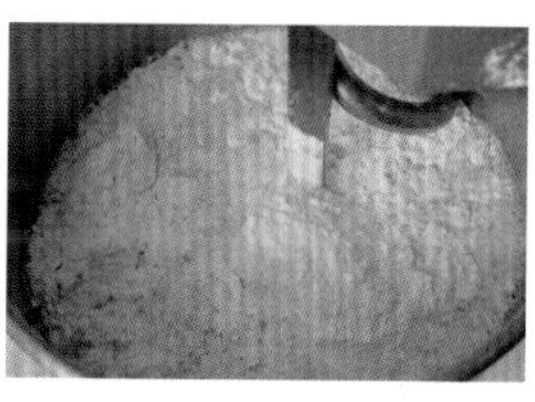

2 慢速搅拌 1 分钟，成团后加入材料③，中速打 2~4 分钟，打到均匀，转快速。

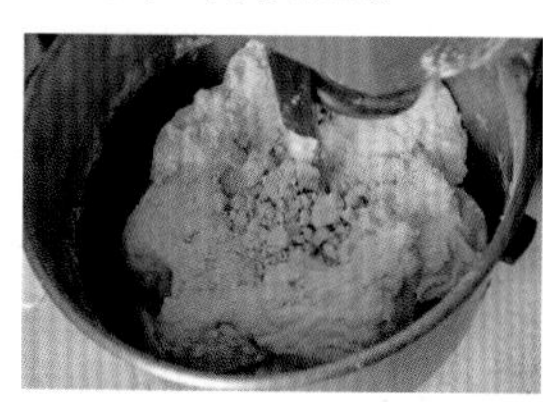

3 打至面团有延展性。

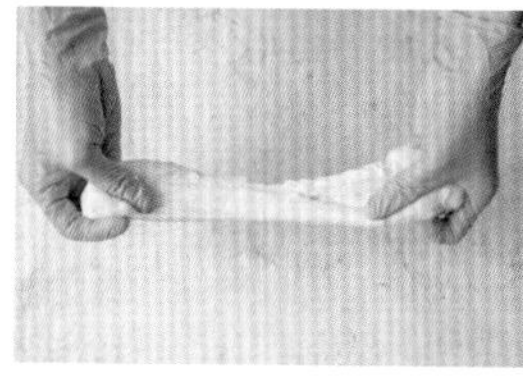

4 加入材料④（法国老面尽量在冰的状态下），中速打 2~3 分钟，打至法国老面与面团结合、呈光滑亮面。

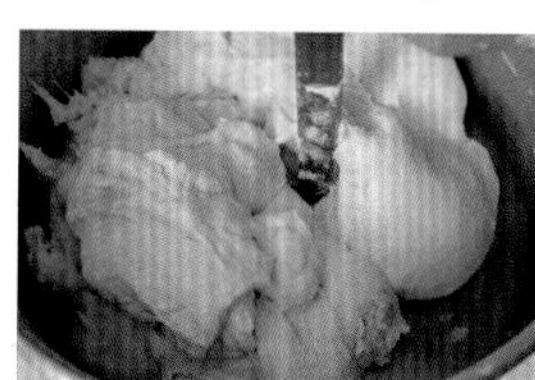

5 加入材料⑤，中速打约 2 分钟，打至汤种与面团结合，面团用手撑开出现厚膜、破口边缘呈锯齿状。

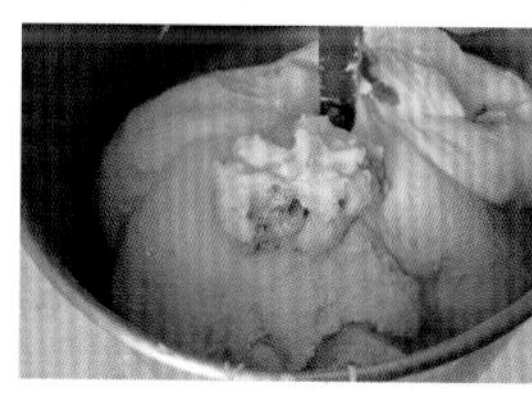

6 加入材料⑥，转慢速打至黄油吃进面团里（★配料此时可加），转中速打 2~3 分钟，打至面团用手撑开出现薄膜、破口呈圆润状，搅拌完成温度为 26℃。

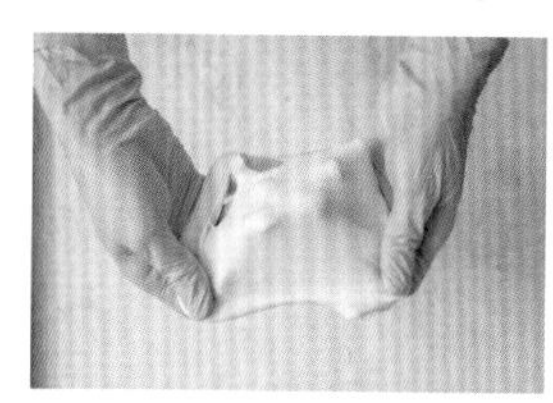

起种之“法国老面”

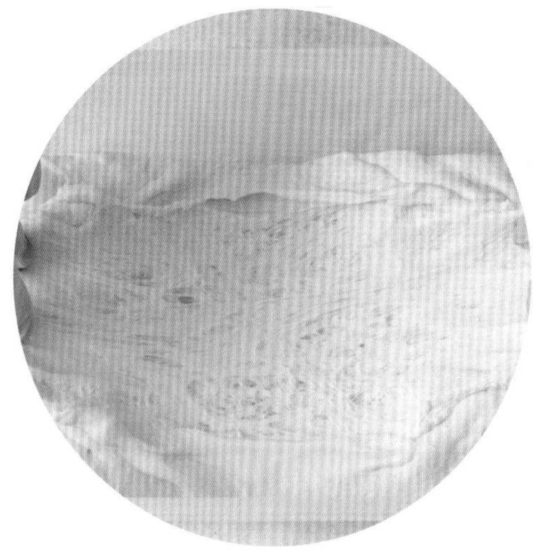

▲ 发好后面团内部呈蜂巢状

法国粉	1000g
水	700g
低糖酵母	1~2g
盐	20g

做法：

1. 所有材料一同拌匀。
2. 用食用级保鲜膜妥善封起，在室温 26~30℃下，静置发酵 2 小时。
3. 送入冰箱冷藏（0~5°C），静置发酵 15~18 小时。

★ 不续种，即时用完就好。冷藏可保存一天，使用时戴上手套取出即可。

起种之“汤种”

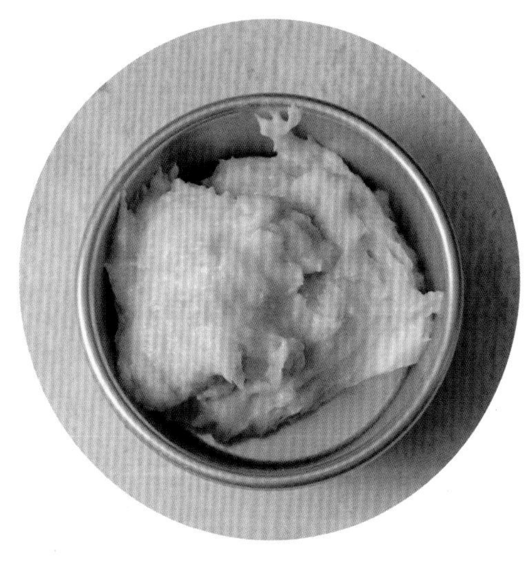

高筋面粉	1000g
沸水（沸腾后的重量）	1250g

做法：

1. 所有材料一同拌匀，搅拌至看不见生粉即可。
2. 用食用级保鲜膜妥善封起，静置到完全冷却。
3. 送入冰箱（0~5°C），静置 12~15 小时。

★ 不续种，即时用完就好。冷藏可保存 3 天，使用时戴上手套取出即可。

No.21

四季红宝石软欧

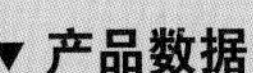

▼ **产品数据**

搅拌作业	软欧面包面团 A（详见第 56 页） 配料：草莓干 200g、蔓越莓干 200g、橘子皮丝 150g、红藜麦 80g
基本发酵	35 分钟（温度 30°C/ 湿度 85%）
翻面	35 分钟（温度 30°C/ 湿度 85%）
分割滚圆	面团 250g
中间发酵	45 分钟（温度 30°C/ 湿度 85%）
整形作业	详阅内文
最后发酵	50 分钟（温度 30°C/ 湿度 85%）
装饰烤焙	筛上裸麦粉，斜割 4 刀，入炉喷蒸汽 3 秒，上火 220℃ / 下火 170℃，烤 13~15 分钟

制作步骤

搅拌作业

1 面团参考【产品数据】制作到步骤 6，转中速搅打前加入草莓干、蔓越莓干、橘子皮丝、红藜麦。

★ 草莓干、蔓越莓干剪碎，加少许朗姆酒浸泡 24 小时，使用前滤干。

2 转中速打 2~3 分钟，打至面团完全扩展，用手撑开形成透光薄膜、破口呈圆润状，搅拌完成温度为 26°C。

基本发酵

3 在不粘烤盘上喷上烤盘油（或刷任意油脂），放上面团，将己侧 1/3 面团朝中心折。

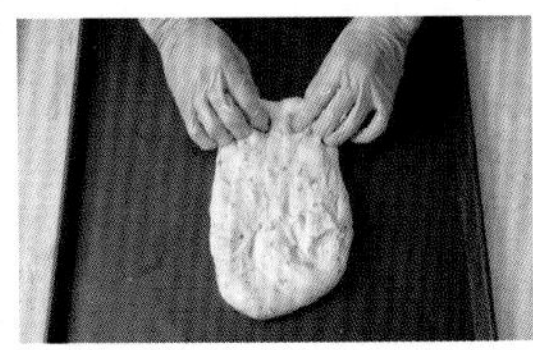

▼

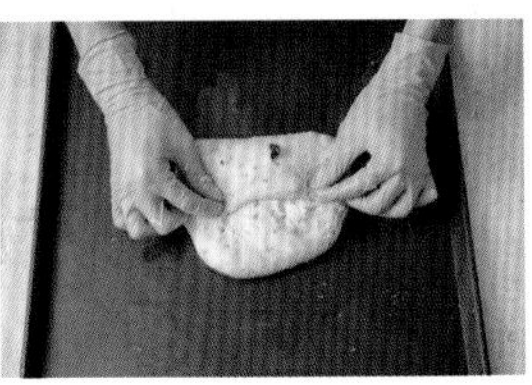

4 将已折叠部分向前翻折，将面团转向放置，参考【产品数据】送入发酵箱发酵。

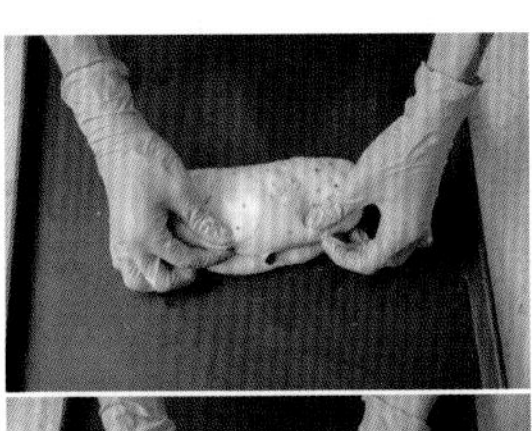

翻面

5 时间到取出，准备再三折一次，双手将面团从中心托起。

▼

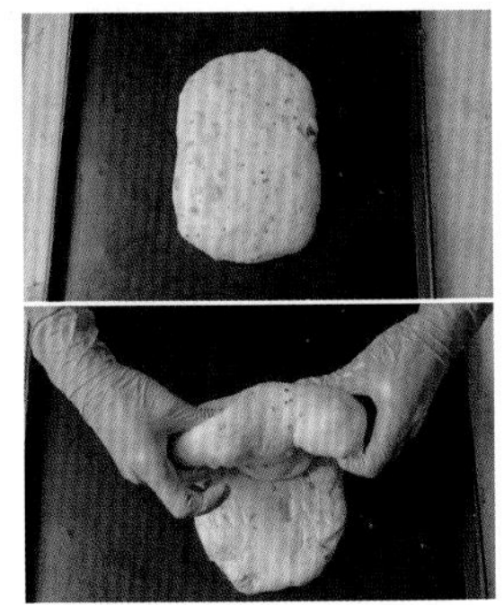

6 前端 1/3 面团顺势朝下收折。手托着已折叠的部分，将整个面团拿起，再放下，顺势收折。面团呈现三折一次后的形状。

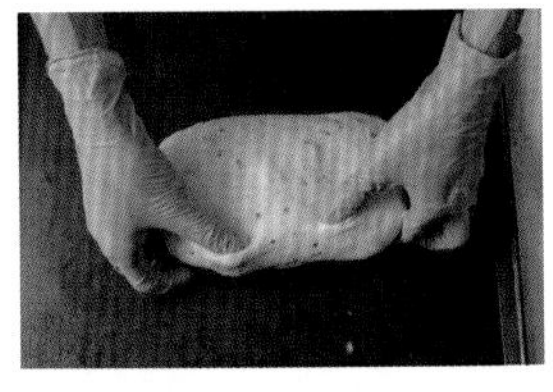

7 将面团转向放置，参考【产品数据】送入发酵箱发酵。

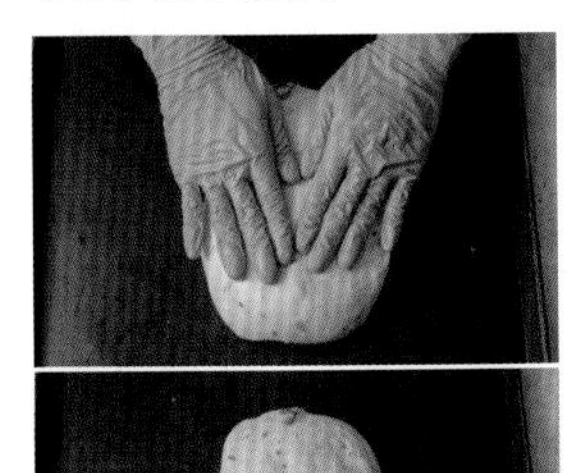

分割滚圆

8 参考【产品数据】分割面团，收圆，间距相等地排入不粘烤盘。

★ 面团需避免重复切割（会破坏面筋），建议以井字形分割。

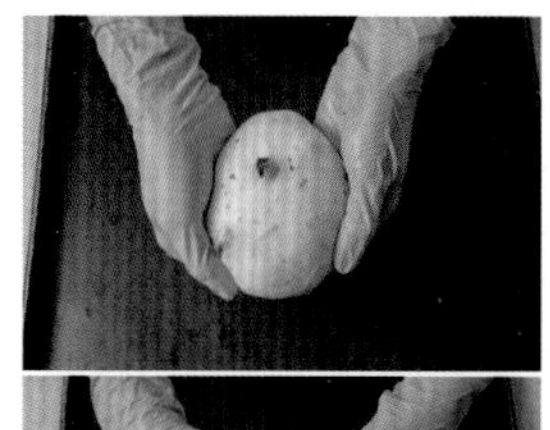
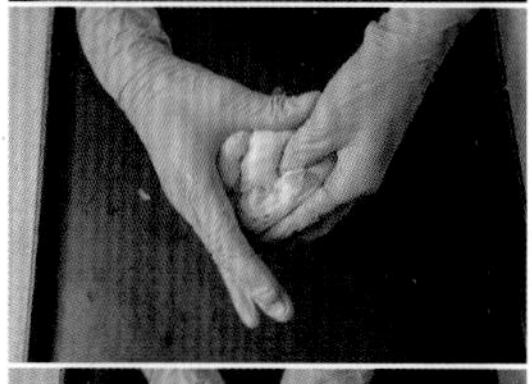
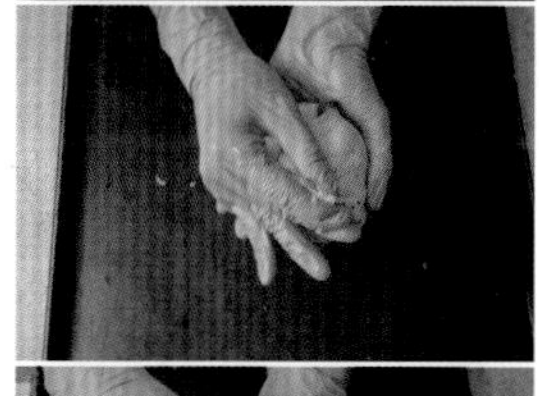
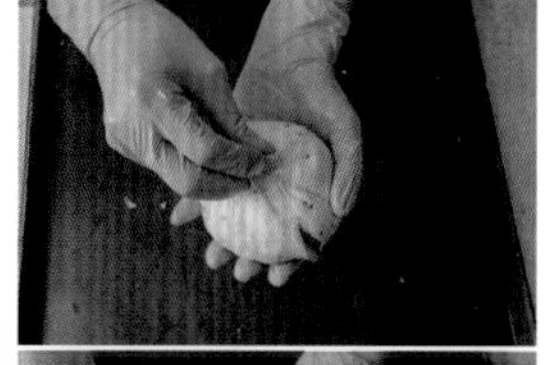
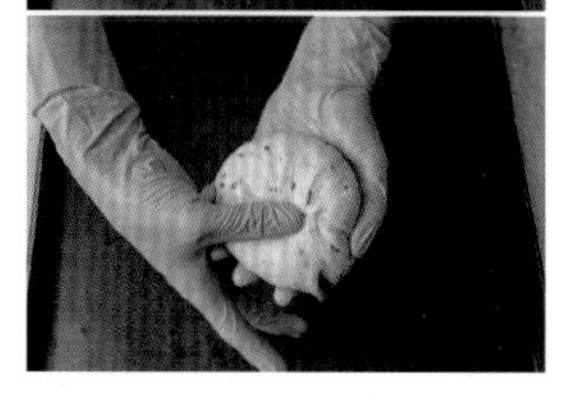

中间发酵

9 参考【产品数据】，将面团送入发酵箱发酵。

整形作业

10 将中发好的面团轻轻拍开，进行排气操作。

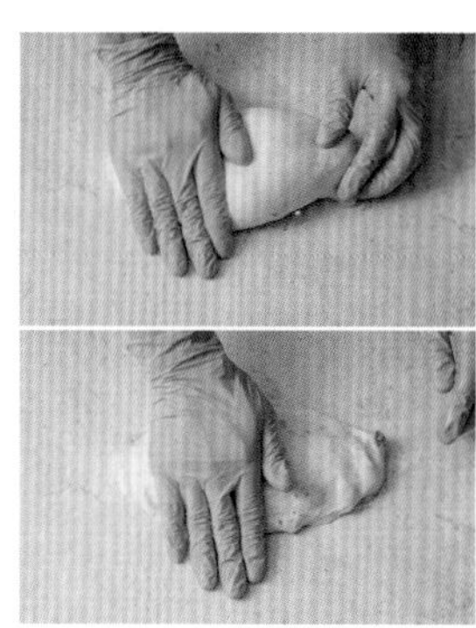

11 翻面，将面团尾端压薄，双手由上朝下卷折，整形成橄揽形。

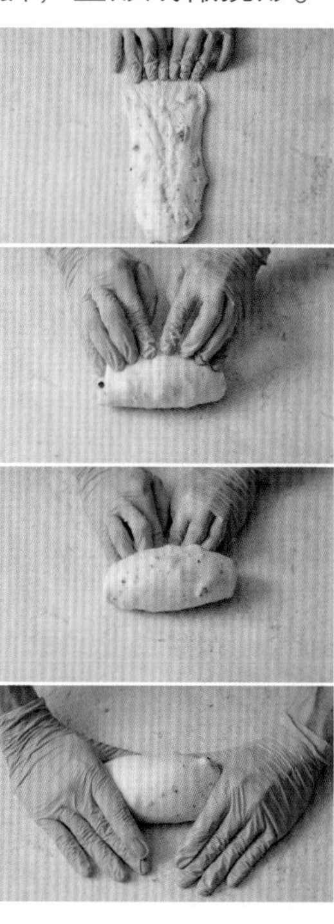

12 在面团底部沾上手粉（预防沾黏）。

最后发酵

13 间距相等地排入不粘烤盘，参考【产品数据】送入发酵箱发酵。

装饰烤焙

14 筛上裸麦粉，斜割4刀，送入预热好的烤箱，入炉喷蒸汽3秒，参考【产品数据】烘烤。

★ 烘烤的温度、时间仅供参考，需依烤箱不同微调数据。

★ 如要风味更上一层楼，可将果干类配料浸泡在君度酒中，香气会更重。

★ 撒裸麦粉的主要目的是保护表面的谷物，保护红藜麦在烤焙时不要过度干燥。

No.22

菠菜仔鱼

▼ **产品数据**

搅拌作业	软欧面包面团 A（详见第 56 页） 配料：菠菜粉 20g、新鲜菠菜 80g
基本发酵	35 分钟（温度 30°C/ 湿度 85%）
翻面	35 分钟（温度 30°C/ 湿度 85%）
分割滚圆	面团 150g
中间发酵	40 分钟（温度 30°C/ 湿度 85%），在中间发酵期间汆烫小鱼仔（适量），烫熟沥干备用
整形作业	详阅内文（铺适量小鱼仔，例如小沙丁鱼、凤尾鱼、刀鱼幼苗）
最后发酵	50 分钟（温度 30°C/ 湿度 85%）
装饰烤焙	用刮板挡着筛上高筋面粉，入炉喷蒸汽 3 秒，上火 220℃ / 下火 170℃，烤 13~15 分钟

制作步骤

搅拌作业

1 面团参考【产品数据】制作到步骤 6，转中速搅打前加入菠菜粉、新鲜菠菜。

★ 新鲜菠菜使用前需洗净。在面团中拌入菜类要注意不要过度搅拌，防止面筋断筋或弱化。

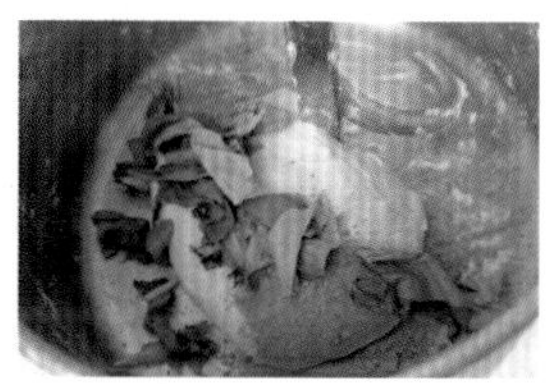

2 转中速打 2~3 分钟，打至面团完全扩展，用手撑开出现薄膜、破口呈圆润状，搅拌完成温度为 26°C。

基本发酵

3 在不粘烤盘上喷上烤盘油（或刷任意油脂），放上面团，将己侧 1/3 面团朝中心折。

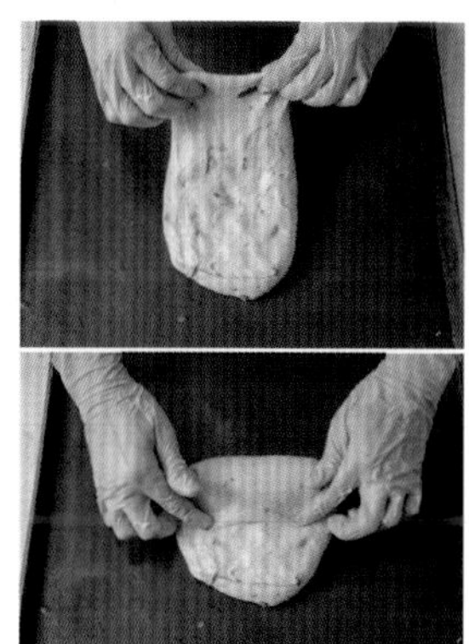

4 将已折叠部分向前翻折，将面团转向放置，参考【产品数据】送入发酵箱发酵。

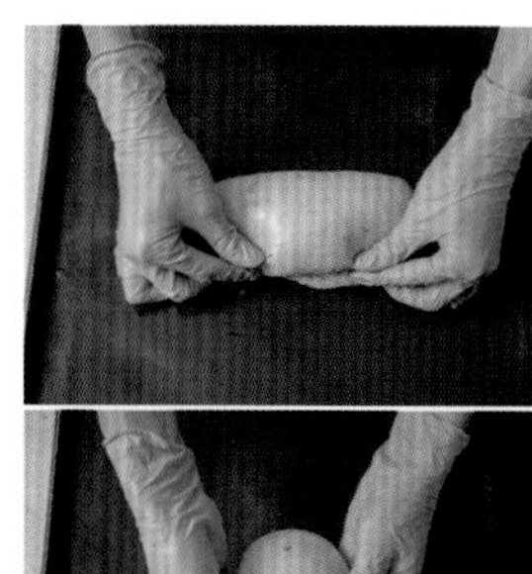

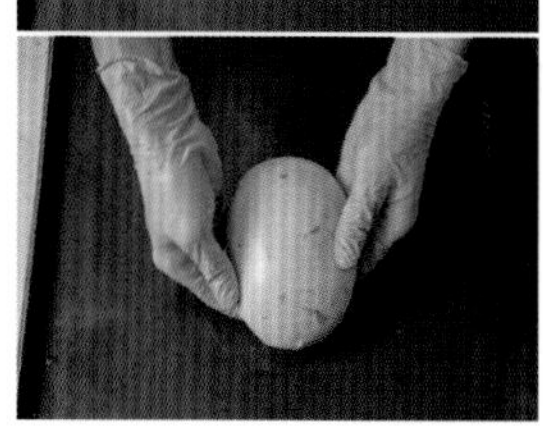

翻面

5 时间到取出，准备再三折一次，取一端 1/3 面团朝中心折。

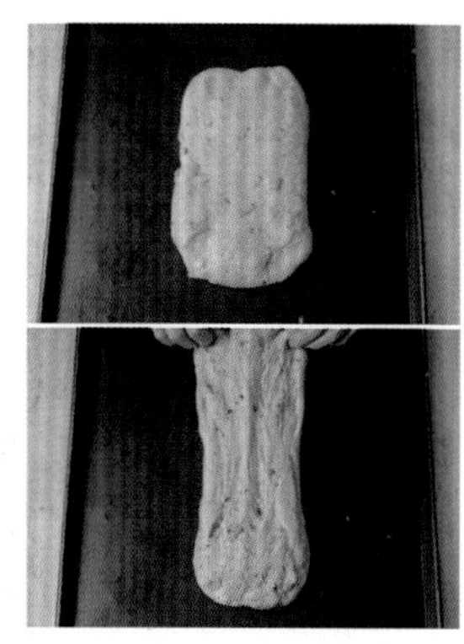

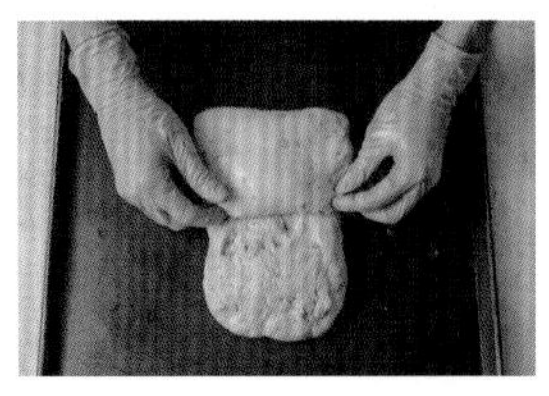

6 将另一端面团边缘压薄，再将已折叠部分向前翻折，将面团转向放置，参考【产品数据】送入发酵箱发酵。

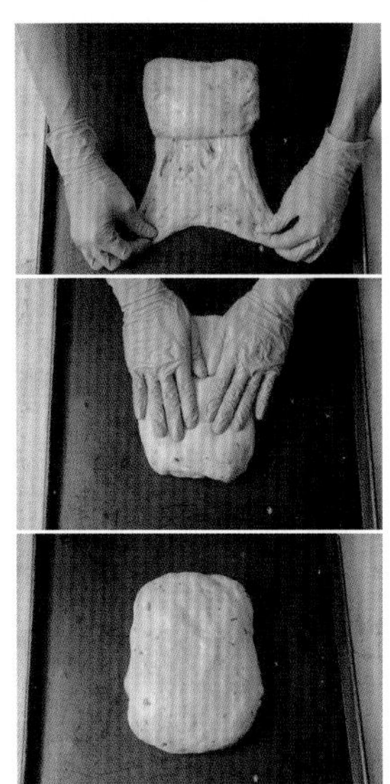

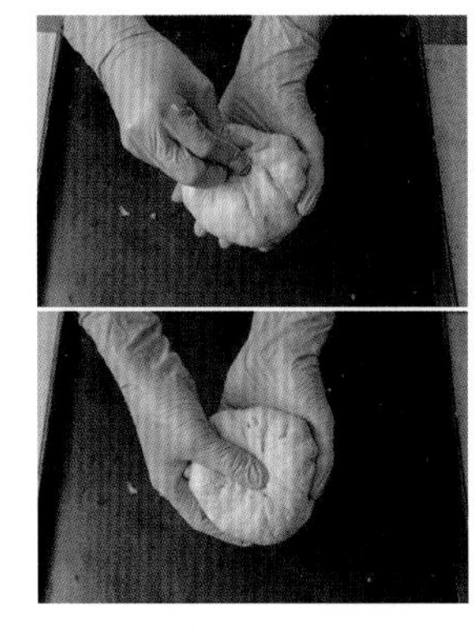

中间发酵

8 参考【产品数据】，将面团送入发酵箱发酵。

9 在中间发酵期间汆烫小鱼仔（适量），烫熟沥干备用。

分割滚圆

7 参考【产品数据】分割面团，收圆，间距相等地排入不粘烤盘。

★ 面团需避免重复切割（会破坏面筋），建议以井字形分割。

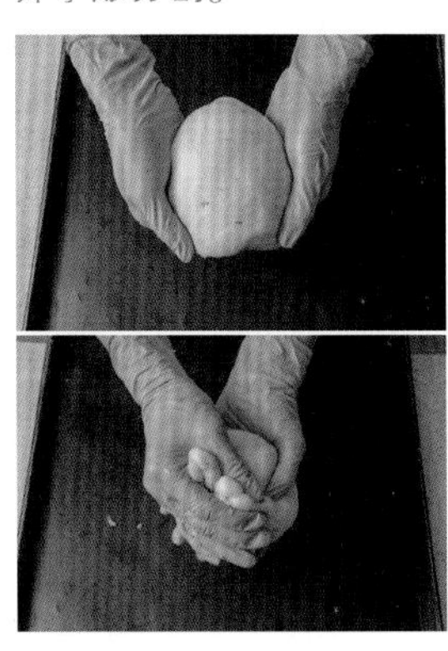

整形作业

10 将中发好的面团轻轻拍开，进行排气操作。

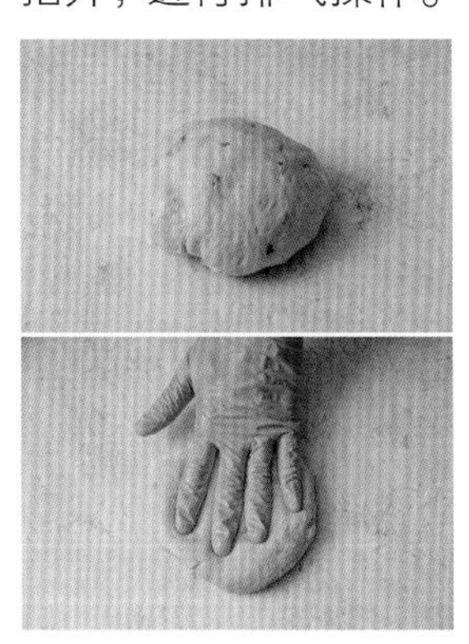

11 再用擀面棍擀开，翻面，将面团尾端压薄。

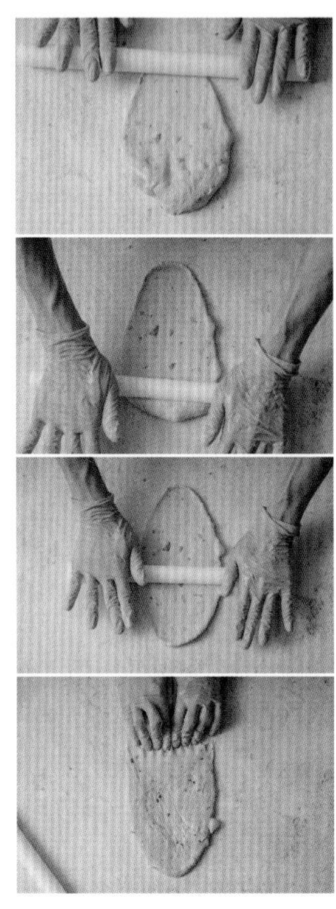

12 铺上小鱼仔，留底部1/4面团不放馅料，割7~8刀。

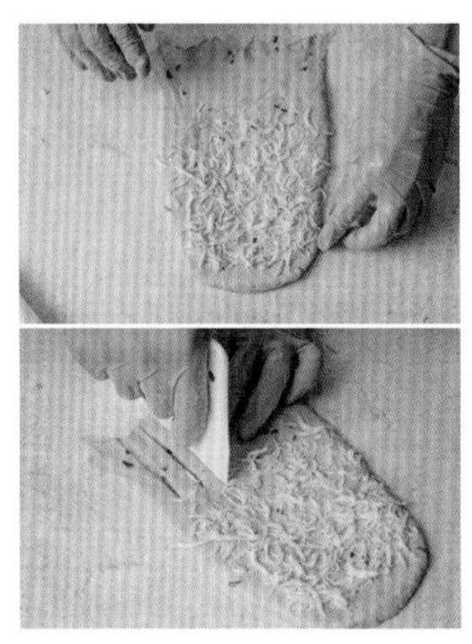

13 将面团用双手由上朝下卷折，整形成长条形，稍微弯卷成半月形。

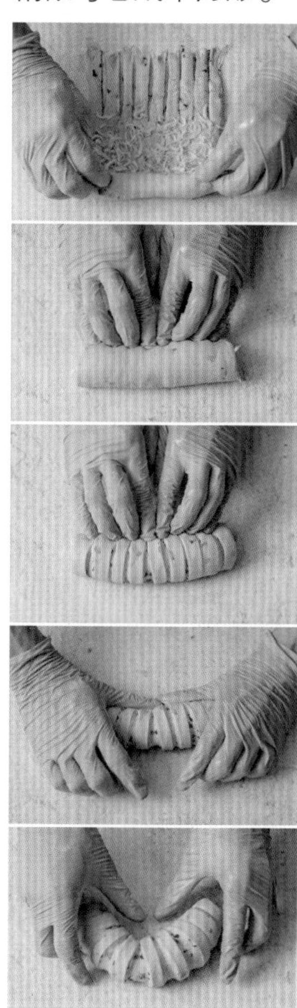

最后发酵

14 间距相等地排入不粘烤盘，参考【产品数据】送入发酵箱发酵。

装饰烤焙

15 用刮板挡着筛上高筋面粉，送入预热好的烤箱，入炉喷蒸汽3秒，参考【产品数据】烘烤。

★ 烘烤的温度、时间仅供参考，需依烤箱不同微调数据。

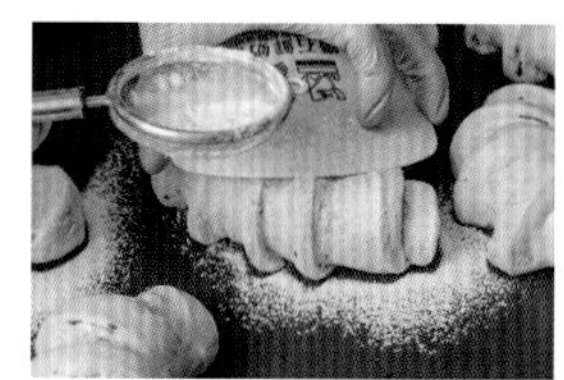

WUMAi

No.23

紫米彩虹

▼ **产品数据**

搅拌作业	软欧面包面团 A（详见第 56 页） 配料：紫米馅 150g
基本发酵	35 分钟（温度 30°C/ 湿度 85%）
翻面	35 分钟（温度 30°C/ 湿度 85%）
分割滚圆	主面团 150g；外皮面团 60g
中间发酵	40 分钟（温度 30°C/ 湿度 85%）
整形作业	详阅内文（每个抹入约 40g 的绿豆牛奶馅 *）
最后发酵	50 分钟（温度 30°C/ 湿度 85%）
装饰烤焙	筛上裸麦粉，再放上撒粉字板，筛上紫薯粉，割纹，入炉喷蒸汽 3 秒，上火 220℃ / 下火 170℃，烤 12~13 分钟

编者注：* 作者使用的是“麦之田绿豆牛奶馅”，读者可自制，将绿豆泡发、煮软后，与牛奶一起做成泥状。

制作步骤

搅拌作业

1 面团参考【产品数据】制作到步骤 6，转中速搅打前加入紫米馅。

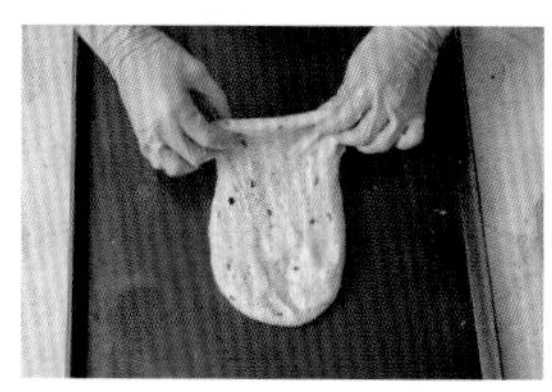

2 转中速打 2~3 分钟，打至面团完全扩展，用手撑开出现薄膜、破口呈圆润状，搅拌完成温度为 26°C。

基本发酵

3 在不粘烤盘上喷上烤盘油（或刷任意油脂），放上面团，取一端 1/3 面团朝中心折。

4 将已折叠部分向前翻折，将面团转向放置，参考【产品数据】送入发酵箱发酵。

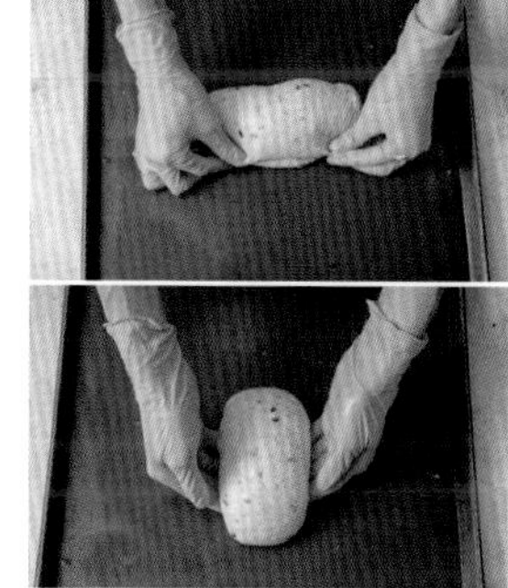

翻面

5 时间到取出，准备再三折一次，取一端 1/3 面团朝中心折。

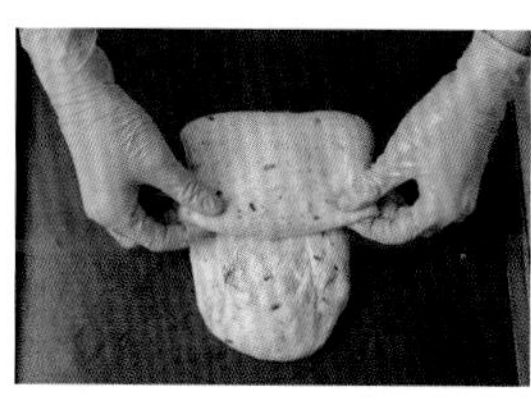

6 将已折叠部分向前翻折，将面团转向放置，参考【产品数据】送入发酵箱发酵。

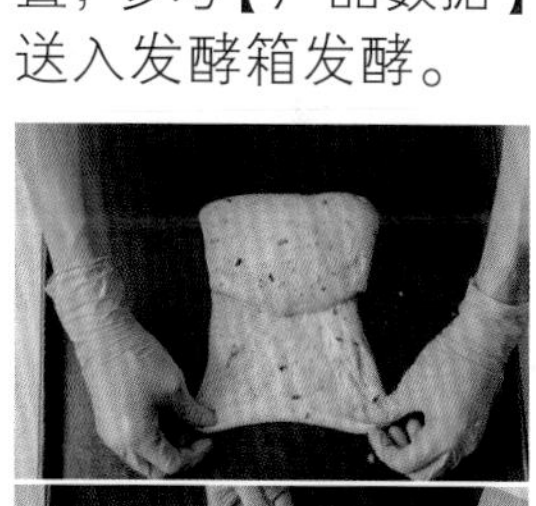

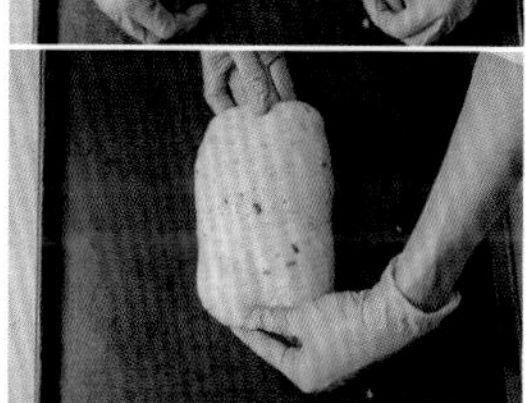

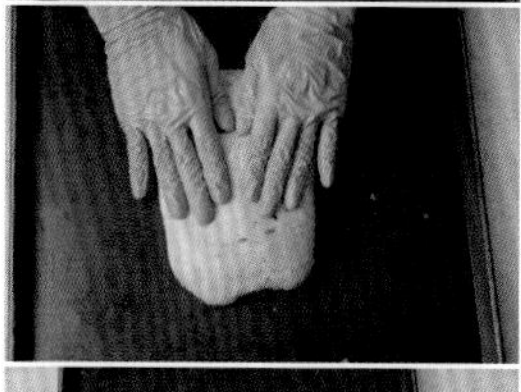

分割滚圆

7 参考【产品数据】分割面团，收圆，间距相等地排入不粘烤盘。

★ 面团需避免重复切割（会破坏面筋），建议以井字形分割。

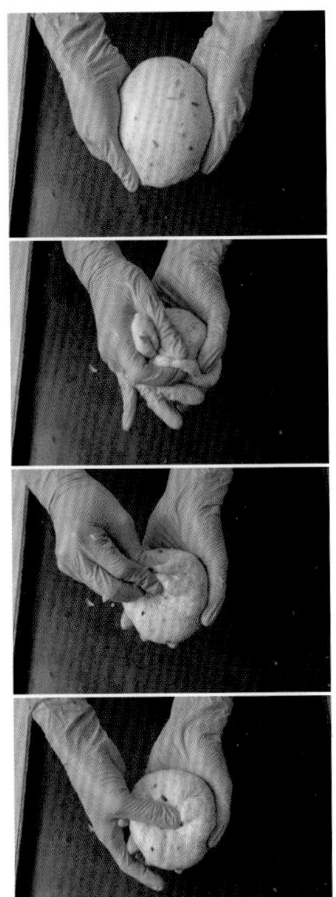

中间发酵

8 参考【产品数据】，将面团送入发酵箱发酵。

整形作业

9 取主面团轻轻拍开，进行排气操作。

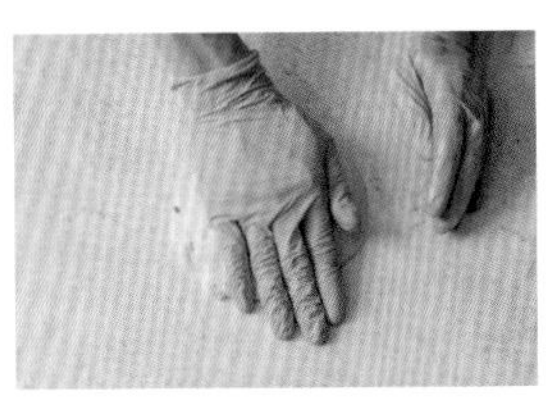

10 将面团大致整成三角形。

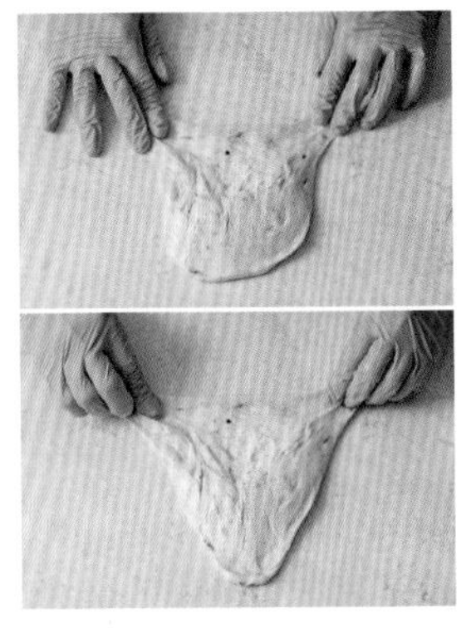

11 在中心抹入约 40g 的绿豆牛奶馅。

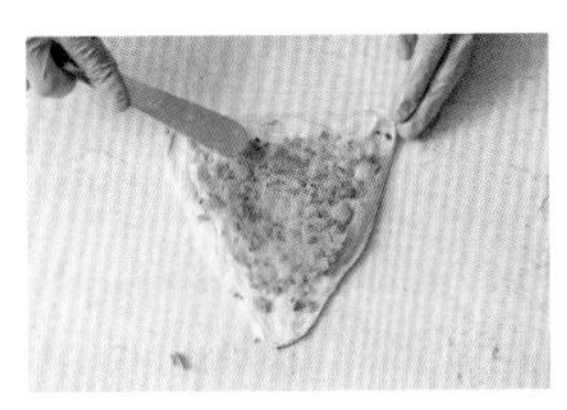

12 收折成三角形，收口处捏紧，翻面。

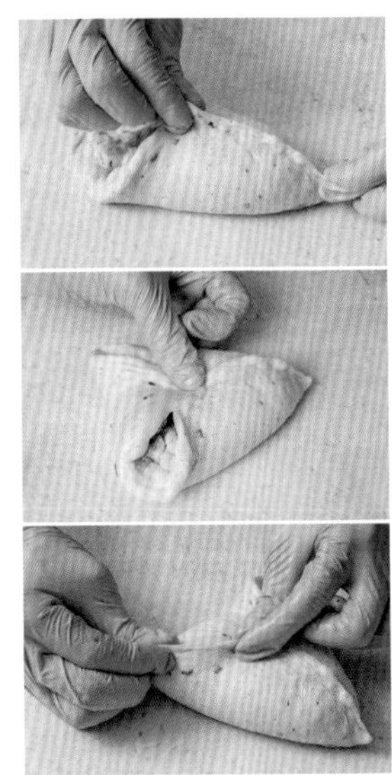

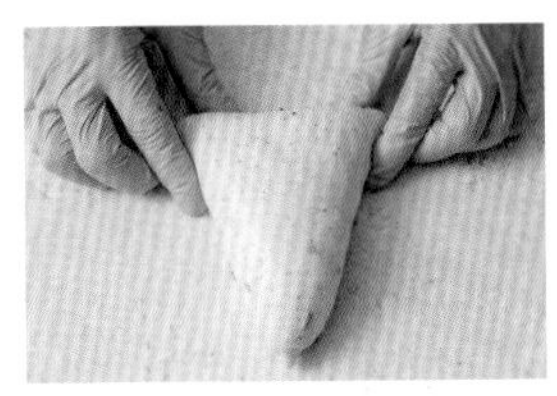

13 外皮面团以擀面棍擀开，整成三角形。

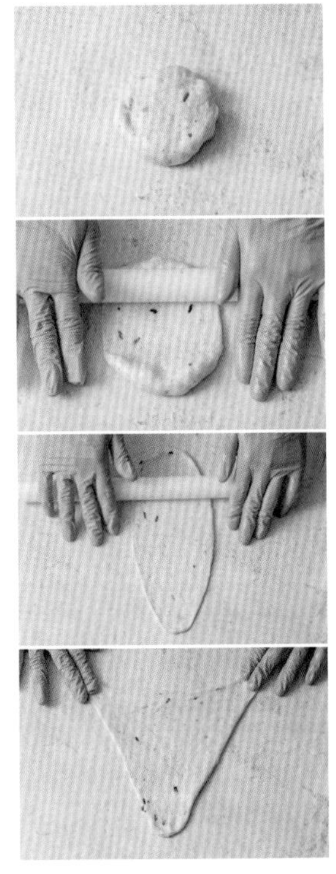

14 主面团收口处朝上，放在外皮面团上。

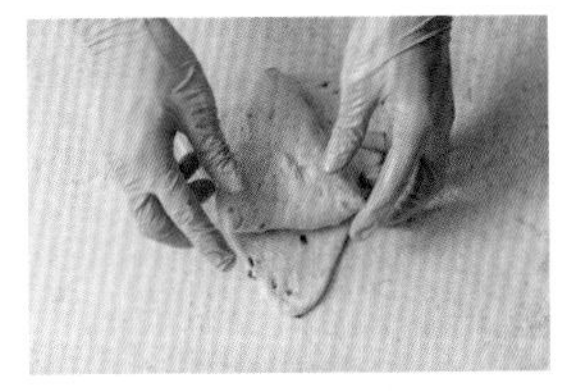

15 依序将三角朝中心收，翻面。

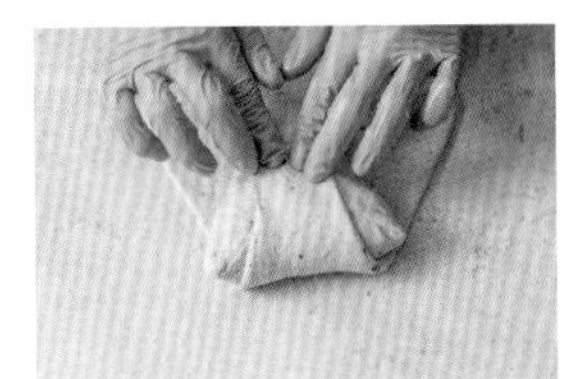

最后发酵

16 收口处朝下，沾适量手粉（避免沾黏），间距相等地排入不粘烤盘，参考【产品数据】送入发酵箱发酵。

装饰烤焙

17 筛上裸麦粉，再放上撒粉字板，筛上紫薯粉，割纹，送入预热好的烤箱，入炉喷蒸汽3秒，参考【产品数据】烘烤。

★ 烘烤的温度、时间仅供参考，需依烤箱不同微调数据。

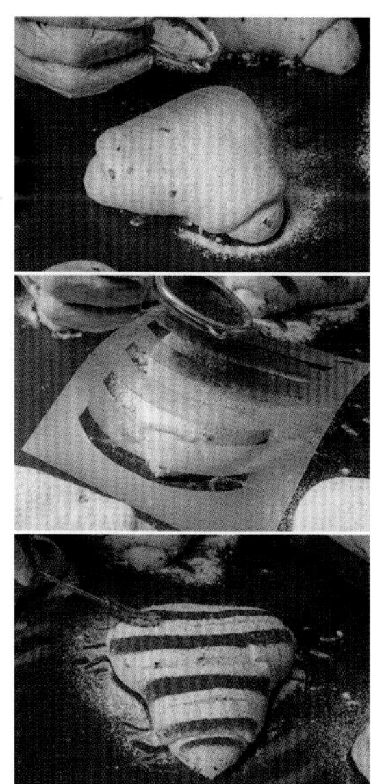

No.24

麦之黑豆

▼ **产品数据**

搅拌作业	软欧面包面团 A（详见第 56 页） 配料：菠菜粉 20g
基本发酵	35 分钟（温度 30°C/ 湿度 85%）
翻面	35 分钟（温度 30°C/ 湿度 85%）
分割滚圆	主面团 150g；外皮面团 50g
中间发酵	40 分钟（温度 30°C/ 湿度 85%）
整形作业	详阅内文［蜜黑豆（由黑豆、糖熬煮而成）15g+15g、芝士碎 3g+3g］
最后发酵	45 分钟（温度 30°C/ 湿度 85%）
装饰烤焙	筛上山药粉，再放上撒粉字板筛上红曲粉，割纹，入炉喷蒸汽 3 秒，上火 230℃ / 下火 170℃，烤 13 分钟

制作步骤

搅拌作业

1 面团参考【产品数据】制作到步骤 6，转中速搅打前加入菠菜粉。

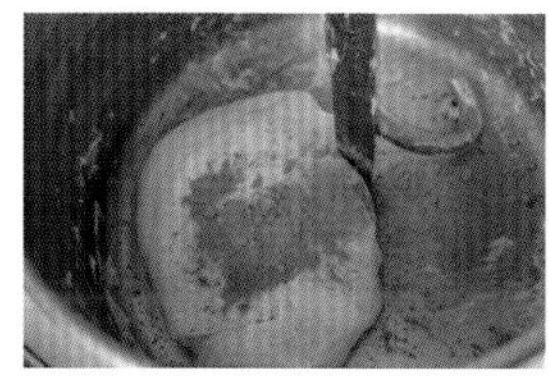

2 转中速打 2~3 分钟，打至面团完全扩展，用手撑开出现薄膜、破口呈圆润状，搅拌完成温度为 26°C。

基本发酵

3 在不粘烤盘上喷上烤盘油（或刷任意油脂），放上面团，取一端 1/3 面团朝中心折。

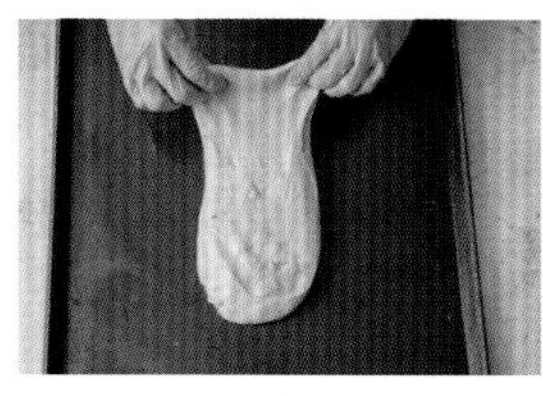

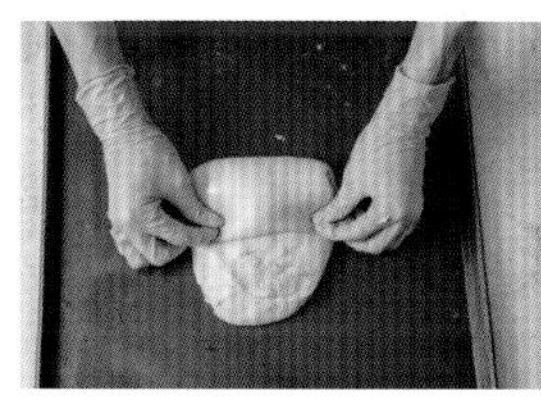

4 将已折叠部分向前翻折，将面团转向放置，参考【产品数据】送入发酵箱发酵。

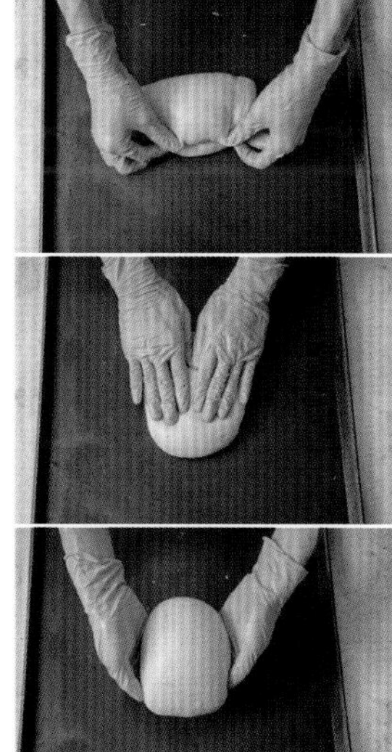

翻面

5 时间到取出，准备再三折一次，取一端 1/3 面团朝中心折。

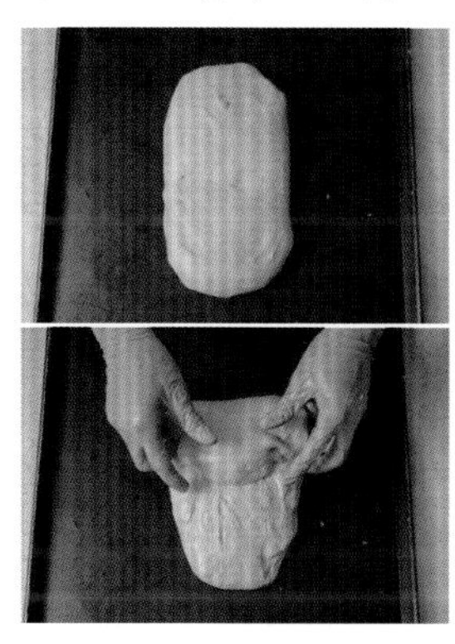

6 将另一端面团边缘压薄，再将已折叠部分向前翻折，将面团转向放置，参考【产品数据】送入发酵箱发酵。

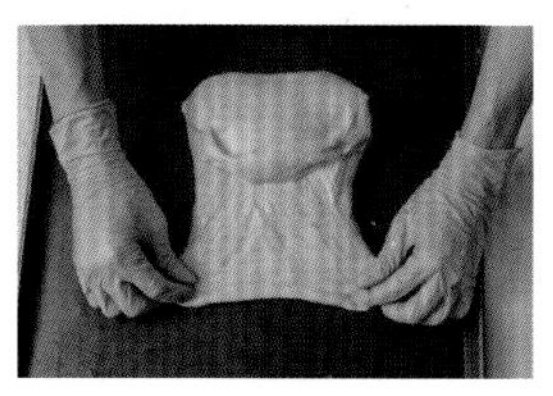

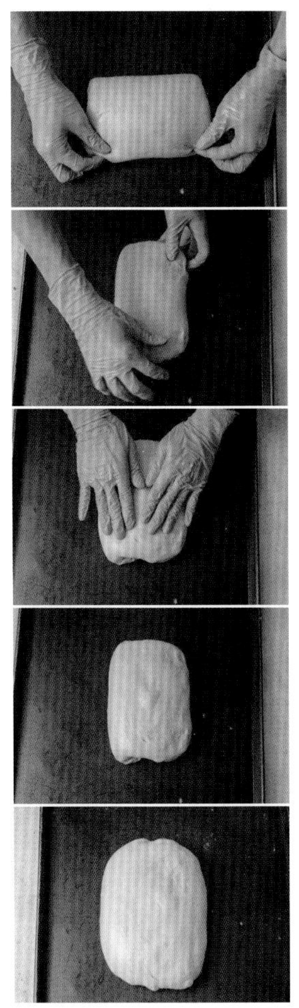

分割滚圆

7 参考【产品数据】分割面团，收圆，间距相等地排入不粘烤盘。

★ 面团需避免重复切割（会破坏面筋），建议以井字形分割。

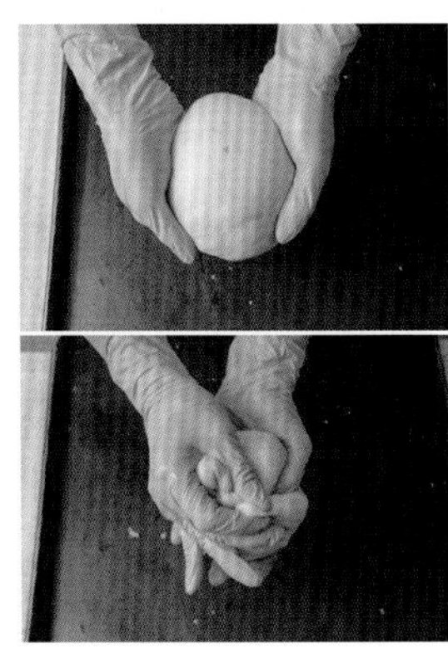

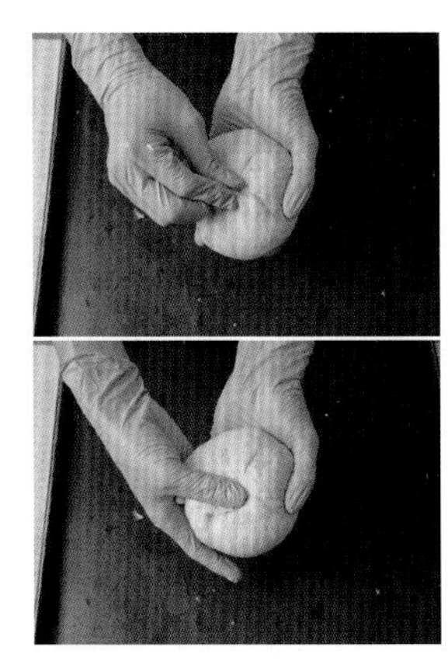

中间发酵

8 参考【产品数据】，将面团送入发酵箱发酵。

整形作业

9 取主面团收口朝下，整形成圆球，轻轻拍开排气，翻面，将面团尾端压薄。

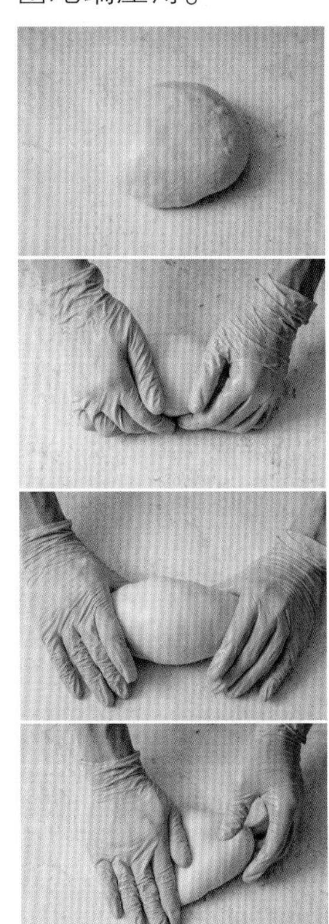

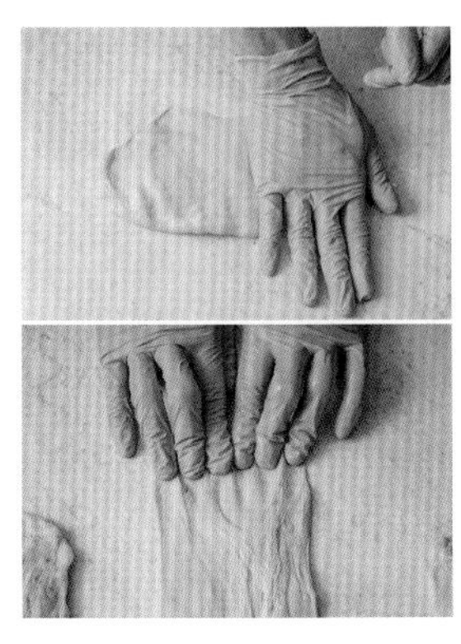

10 在面团三等分的中部铺上黑豆粒 15g、芝士碎 3g，将上部 1/3 面团往下折。

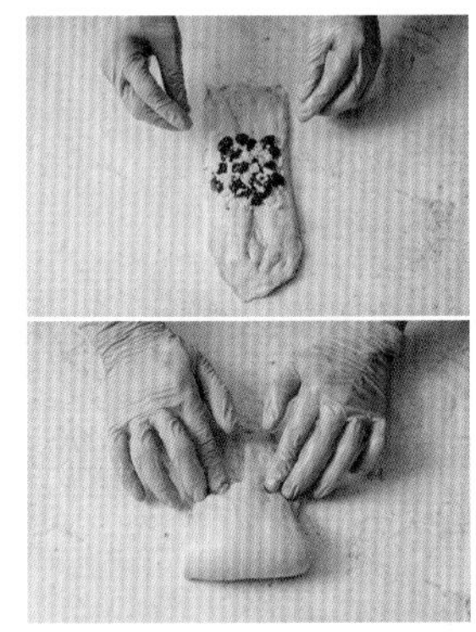

11 再在面团的上半部分铺上黑豆粒 15g、芝士碎 3g，再将下部 1/3 面团往上折，成四方形。

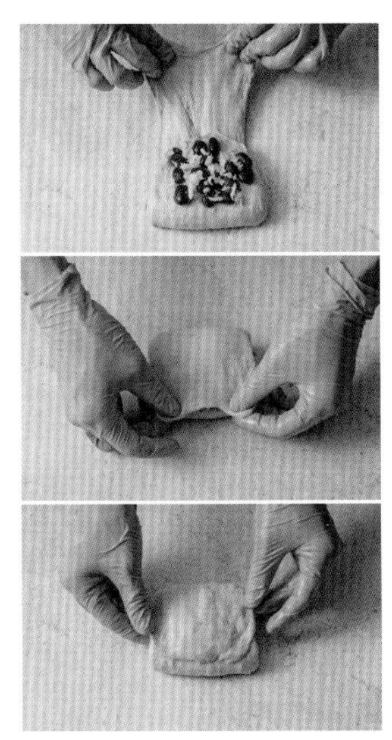

12 将外皮面团擀成片状，翻面，捏出四个角。

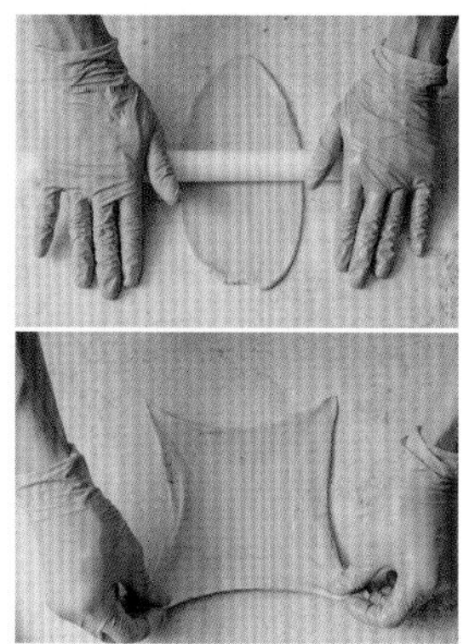

13 主面团收口处朝上，放在外皮面团上。

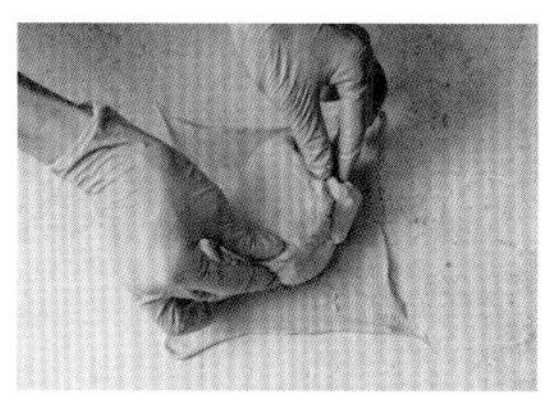

14 将四边朝中心收折，捏紧。

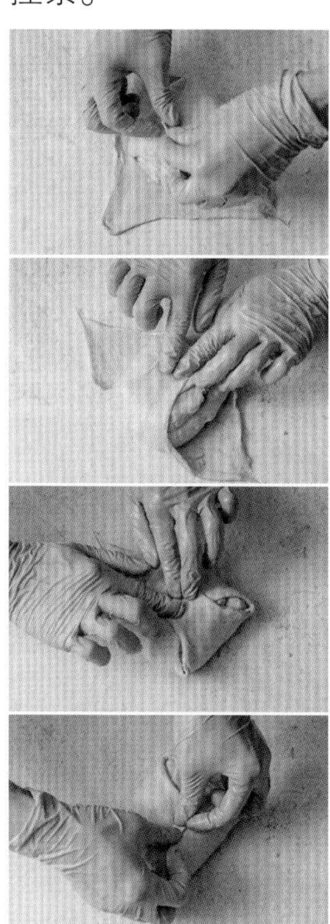

15 再捏紧四角。

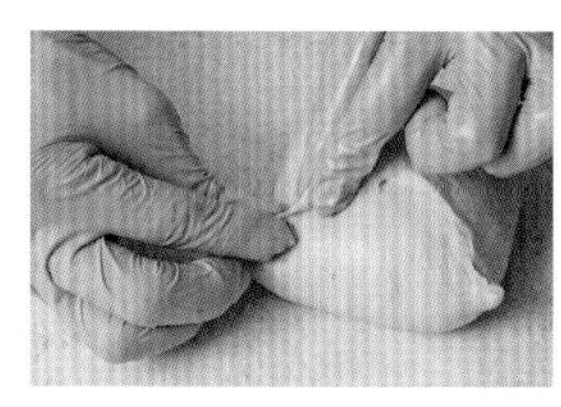

最后发酵

16 翻面让收口处朝下，沾适量手粉（避免沾黏），间距相等地排入不粘烤盘，参考【产品数据】送入发酵箱发酵。

装饰烤焙

17 筛上山药粉，再放上撒粉字板筛上红曲粉，割纹，送入预热好的烤箱，入炉喷蒸汽3秒，参考【产品数据】烘烤。

★ 烘烤的温度、时间仅供参考，需依烤箱不同微调数据。

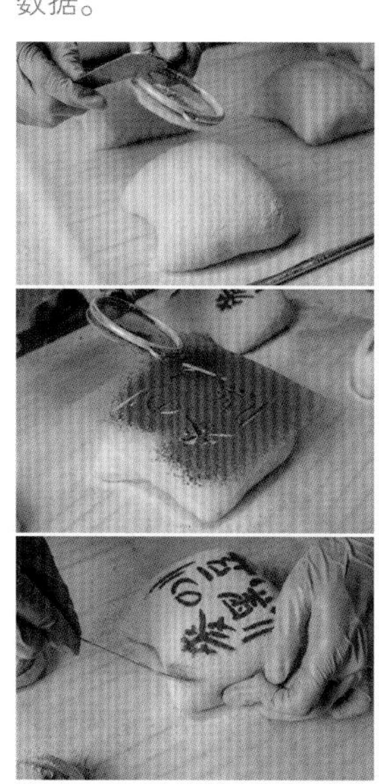

No.25
蝶豆彩果

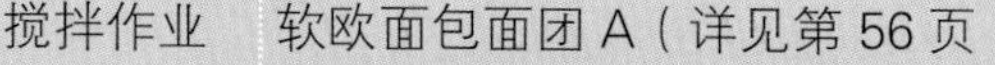

▼ 产品数据

搅拌作业	软欧面包面团 A（详见第 56 页） 配料：蝶豆花粉 5g、细切无花果干 200g
基本发酵	35 分钟（温度 30°C/ 湿度 85%）
翻面	35 分钟（温度 30°C/ 湿度 85%）
分割滚圆	主面团 150g；外皮面团 50g
中间发酵	45 分钟（温度 30°C/ 湿度 85%）
整形作业	详阅内文
最后发酵	50 分钟（温度 30°C/ 湿度 85%）
装饰烤焙	放上撒粉字板筛上高筋面粉，割 6 刀，入炉喷蒸汽 3 秒，上火 230℃ / 下火 165℃，烤 12~15 分钟，出炉后在中心刷上果胶，撒上开心果碎、装饰薄荷叶

制作步骤

搅拌作业

1 面团参考【产品数据】制作到步骤 6，转中速搅打前加入蝶豆花粉、细切无花果干。

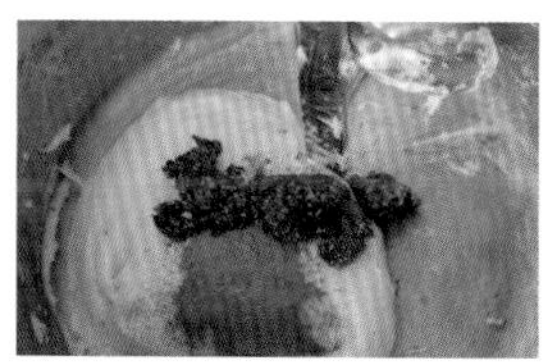

2 转中速打 2~3 分钟，打至面团完全扩展，用手撑开出现薄膜、破口呈圆润状，搅拌完成温度为 26°C。

基本发酵

3 在不粘烤盘上喷上烤盘油（或刷任意油脂），放上面团，取一端 1/3 面团朝中心折。

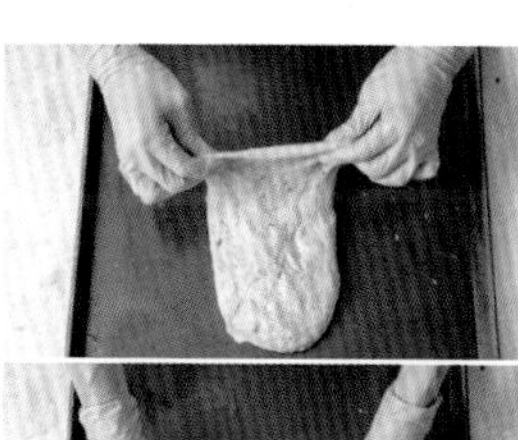

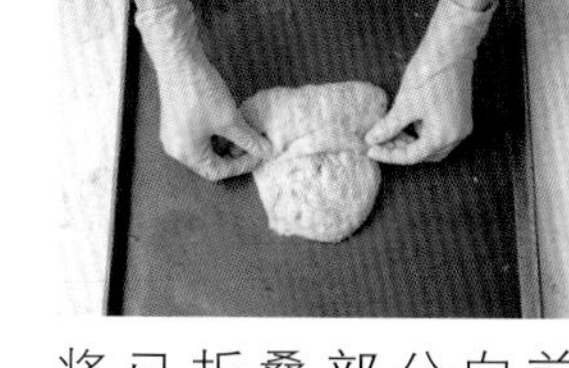

4 将已折叠部分向前翻折，将面团转向放置，参考【产品数据】送入发酵箱发酵。

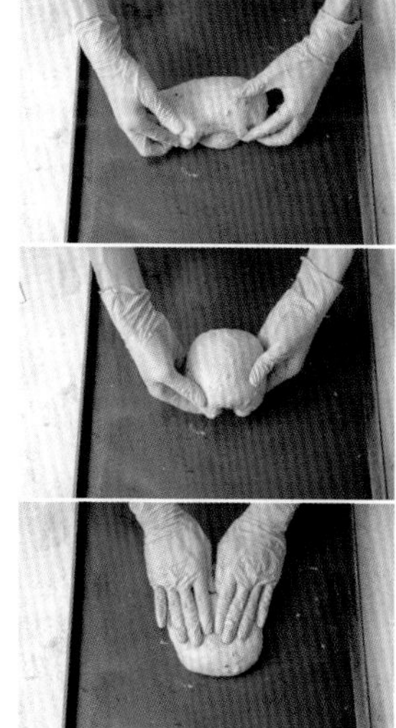

翻面

5 时间到取出，准备再三折一次，取一端 1/3 面团朝中心折。

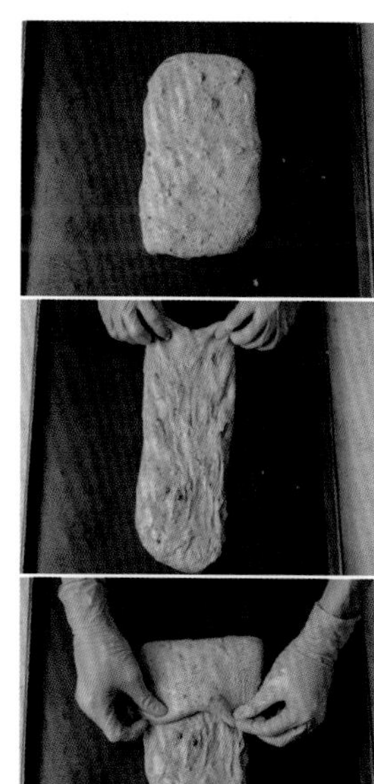

6　将已折叠部分向前翻折，将面团转向放置，参考【产品数据】送入发酵箱发酵。

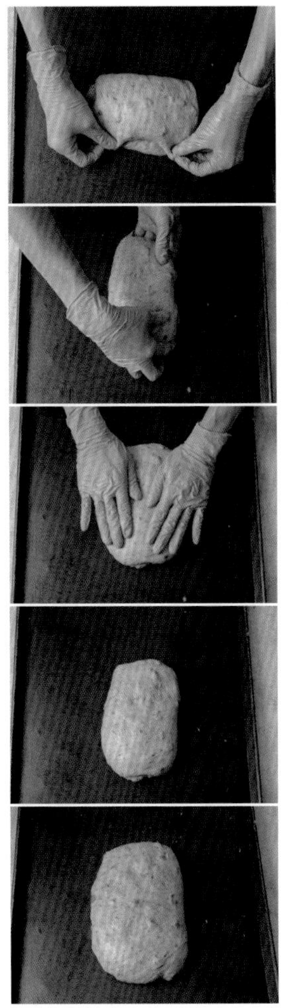

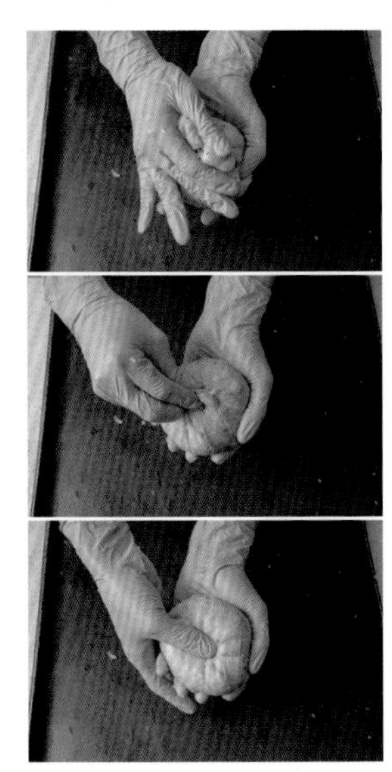

中间发酵

8　参考【产品数据】，将面团送入发酵箱发酵。

整形作业

9　取主面团轻轻拍开排气。

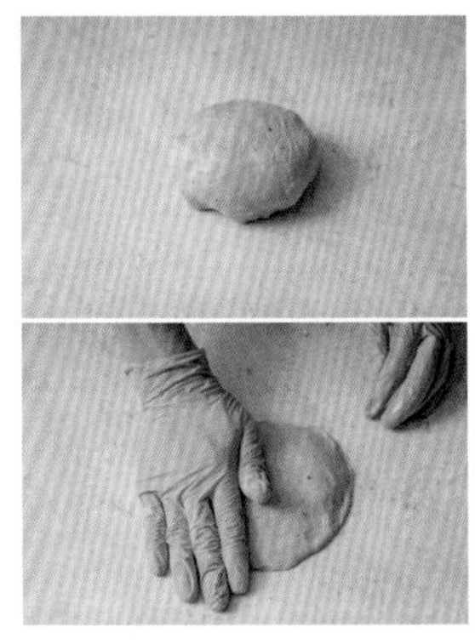

分割滚圆

7　参考【产品数据】分割面团，收圆，间距相等地排入不粘烤盘。

★ 面团需避免重复切割（会破坏面筋），建议以井字形分割。

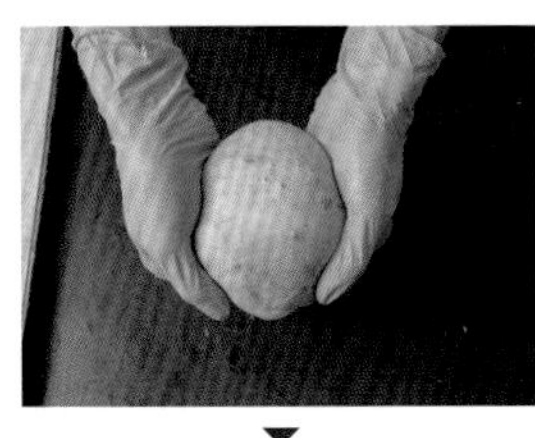

10　双手捧起，收拢成圆团，将收口处捏紧。

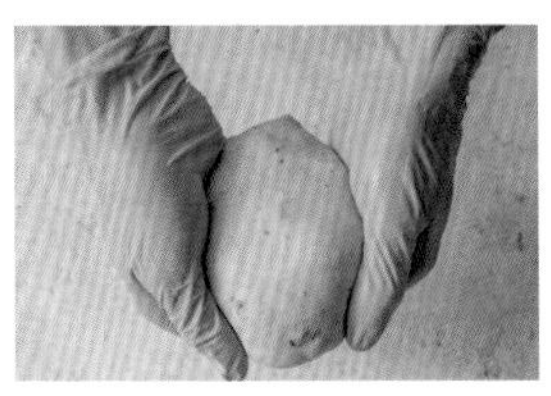

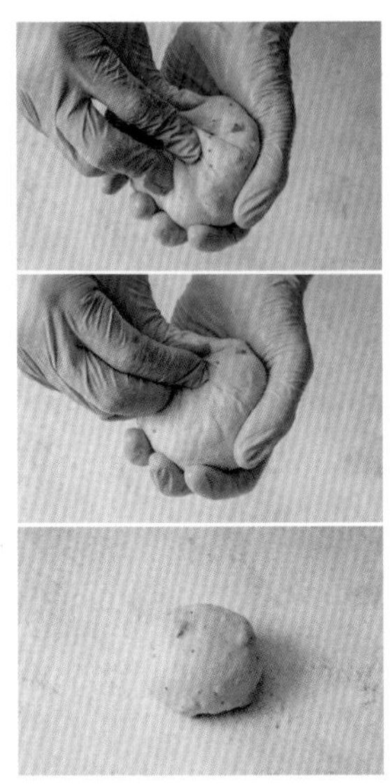

11　将外皮面团擀成片状，翻面，捏出四个角。

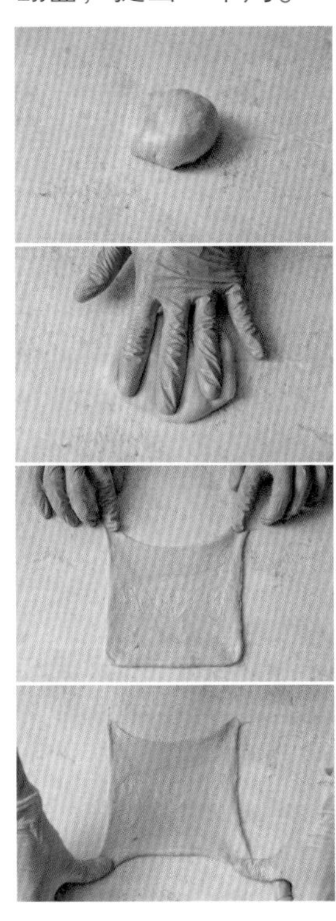

12　主面团收口处朝上，放在外皮面团上。

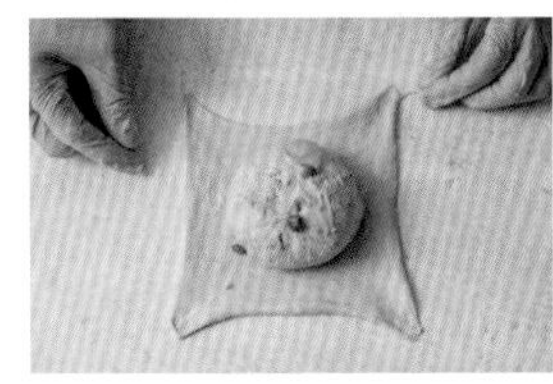

13 将四边朝中心收折。

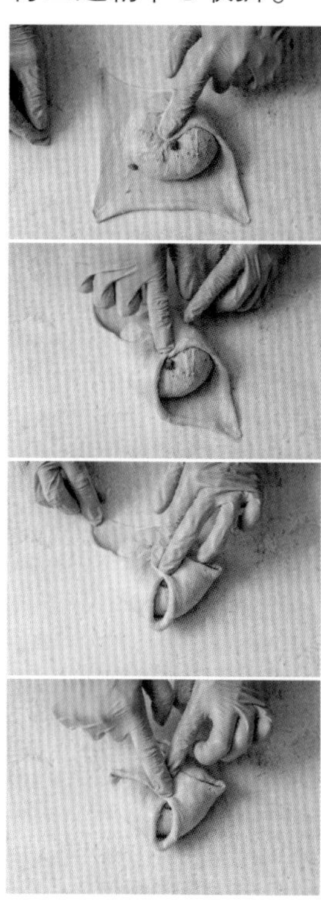

14 再收折，整形成圆球，捏紧收口处。

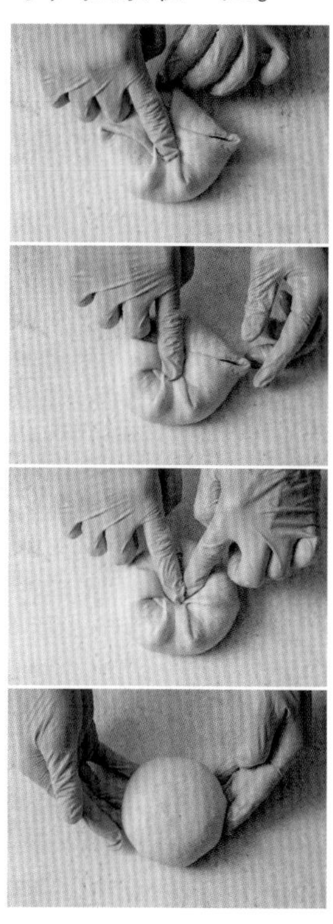

最后发酵

15 翻面让收口处朝下，沾适量手粉（避免沾黏），间距相等地排入不粘烤盘，参考【产品数据】送入发酵箱发酵。

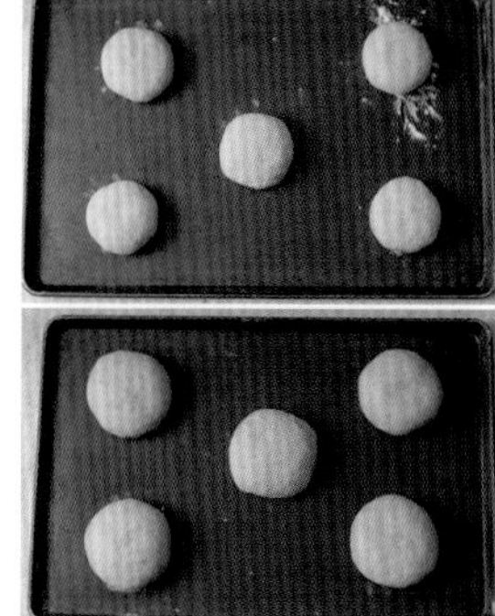

装饰烤焙

16 放上撒粉字板，筛上高筋面粉，割6刀，送入预热好的烤箱，入炉喷蒸汽3秒，参考【产品数据】烘烤。

★ 烘烤的温度、时间仅供参考，需依烤箱不同微调数据。

17 出炉后在面团中心刷上果胶，撒上开心果碎、装饰薄荷叶。

No.26

椪柑茶包

▼ 产品数据

搅拌作业	软欧面包面团 B（详见第 57 页） 配料：伯爵红茶粉 40g、椪（音 pèng）柑果肉干（可改用橘子干、雪桔干、金桔干）200g（热水汆烫回软，沥干后使用）、柳橙皮末 100g
基本发酵	40 分钟（温度 30°C/ 湿度 85%）
翻面	40 分钟（温度 30°C/ 湿度 85%）
分割滚圆	主面团 150g；外皮面团 50g
中间发酵	40 分钟（温度 30°C/ 湿度 85%）
整形作业	详阅内文
最后发酵	50 分钟（温度 30°C/ 湿度 85%）
装饰烤焙	隔字板筛上抹茶粉，隔刮板筛上高筋面粉，割纹，入炉喷蒸汽 3 秒，上火 230℃ / 下火 170℃，烤 13~14 分钟

制作步骤

搅拌作业

1 面团参考【产品数据】制作到步骤 6，转中速搅打前加入伯爵红茶粉、椪柑果肉干、柳橙皮末。

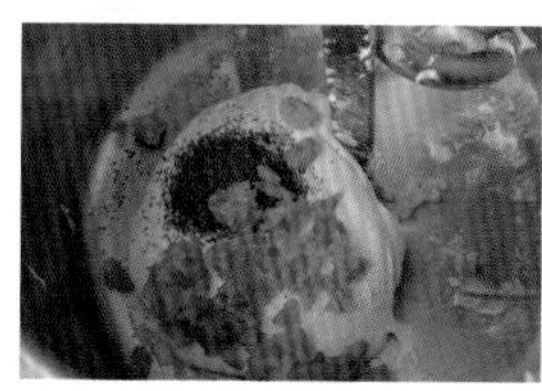

2 转中速打 2~3 分钟，打至面团完全扩展，用手撑开出现薄膜、破口呈圆润状，搅拌完成温度为 26°C。

基本发酵

3 在不粘烤盘上喷上烤盘油（或刷任意油脂），放上面团，取一端 1/3 面团朝中心折。

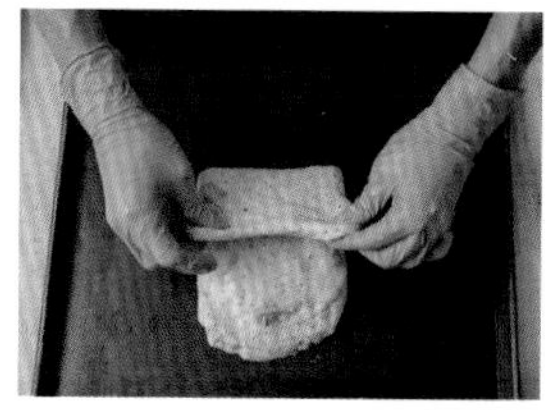

4 将已折叠部分向前翻折，将面团转向放置，参考【产品数据】送入发酵箱发酵。

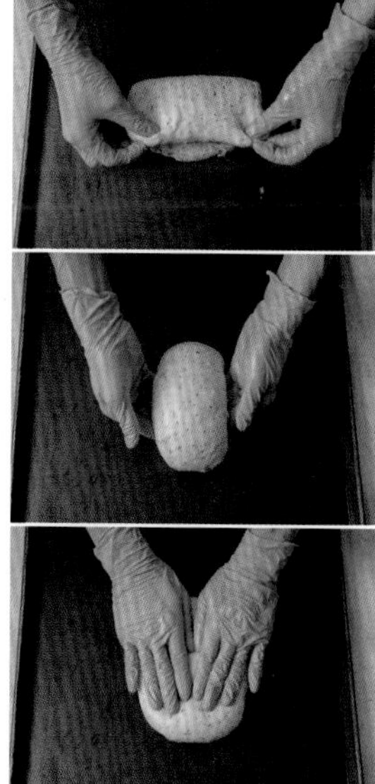

翻面

5 时间到取出，准备再三折一次，取一端 1/3 面团朝中心折。

6 将已折叠部分向前翻折，将面团转向放置，参考【产品数据】送入发酵箱发酵。

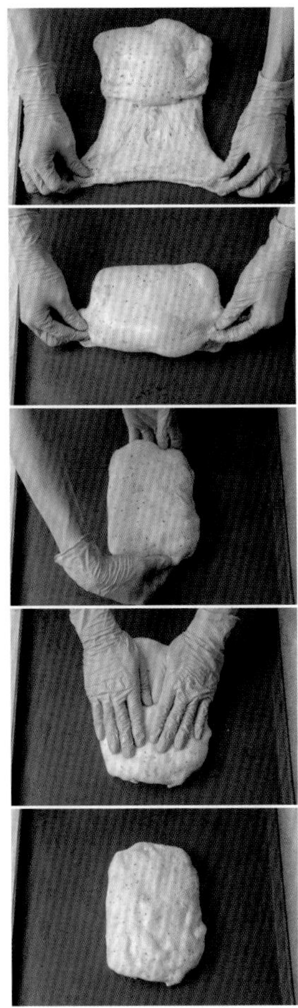

分割滚圆

7 参考【产品数据】分割面团，收圆，间距相等地排入不粘烤盘。

★ 面团需避免重复切割（会破坏面筋），建议以井字形分割。

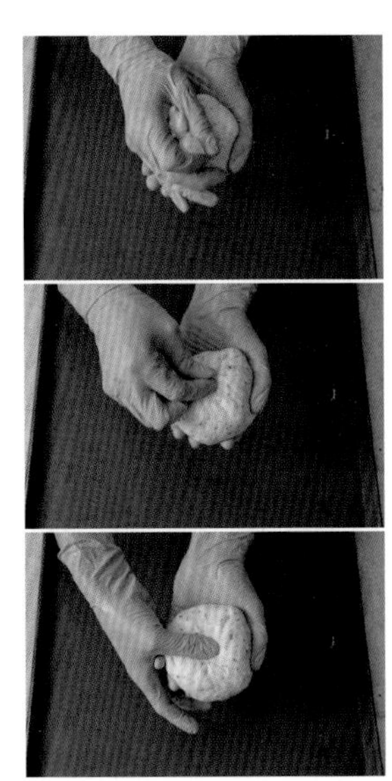

中间发酵

8 参考【产品数据】，将面团送入发酵箱发酵。

整形作业

9 取主面团底部朝下，收合成圆球，轻轻拍开排气。

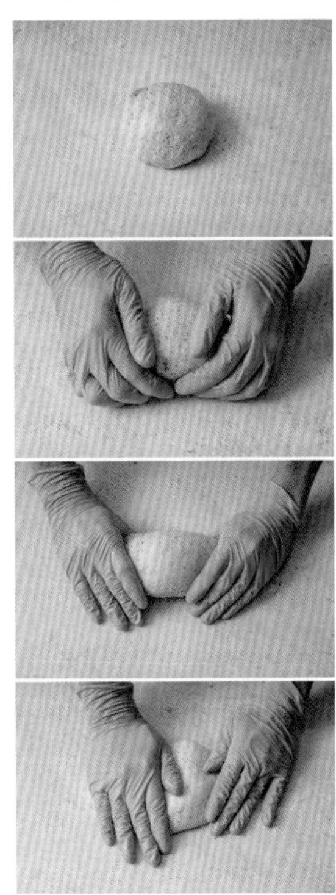

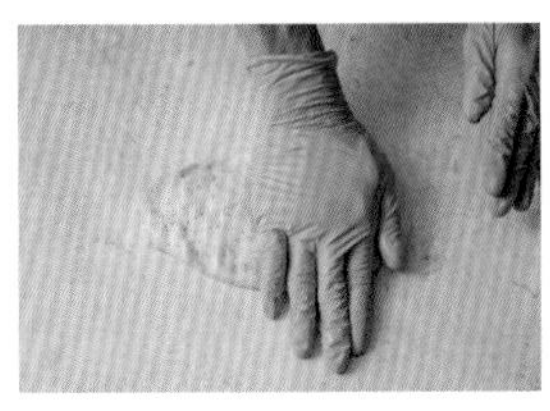

10 翻面，将面团尾端压薄，双手由上往下收折，收折成橄榄形。

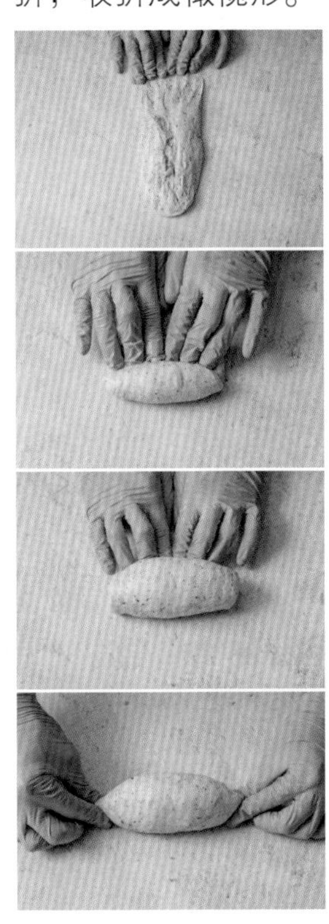

11 将外皮面团轻轻拍开，擀成片状，翻面，捏出四个角。

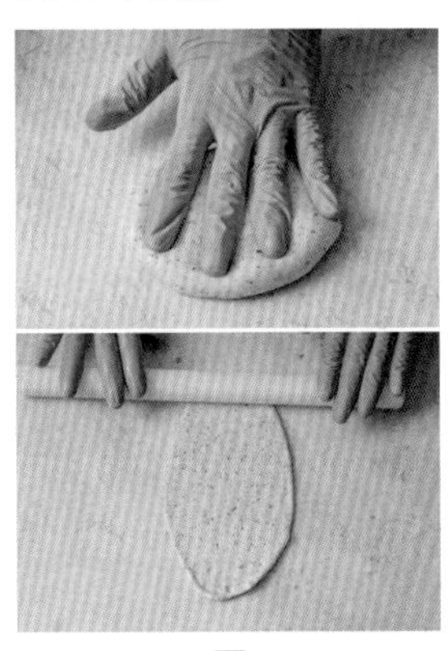

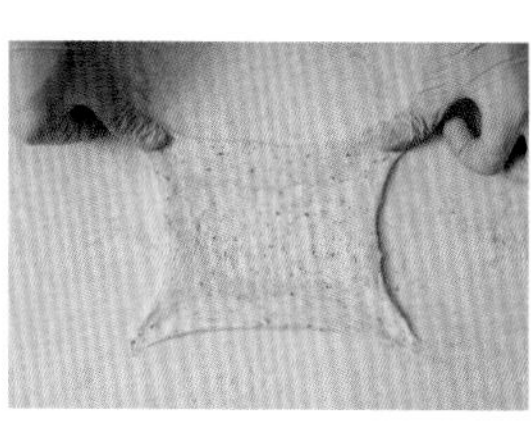

12 主面团收口处朝上，放在外皮面团上。

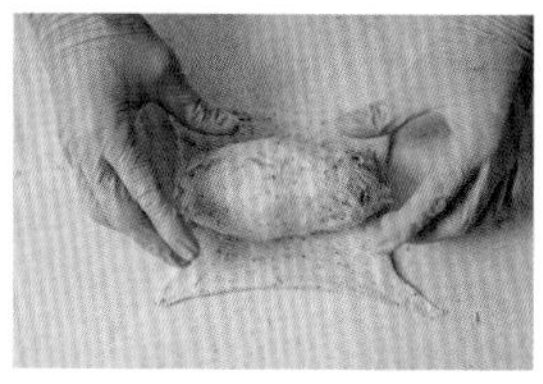

13 将四边朝中心收折。

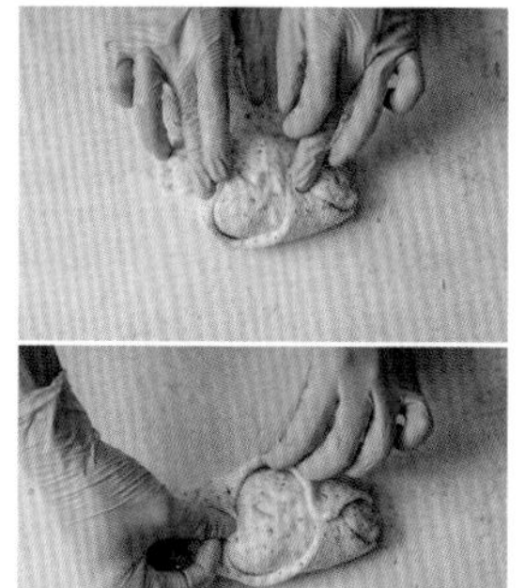

14 再取两侧面团朝中心收折。

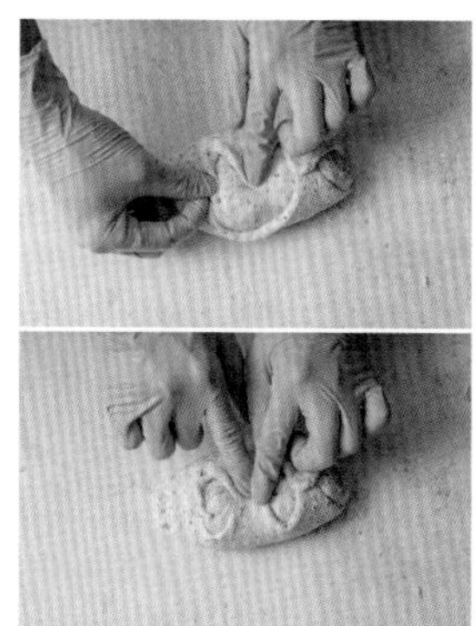

15 捏紧收口后翻面，收折成橄榄形。

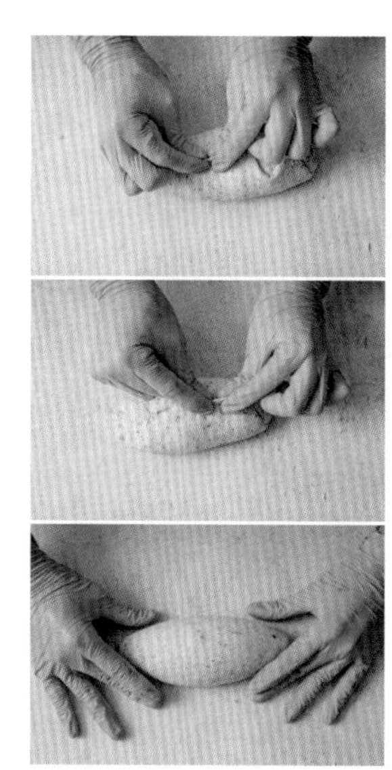

最后发酵

16 收口处朝下沾适量手粉（避免沾黏），间距相等地排入不粘烤盘，参考【产品数据】送入发酵箱发酵。

装饰烤焙

17 隔字板筛上抹茶粉，隔刮板筛上高筋面粉，割纹，送入预热好的烤箱，入炉喷蒸汽3秒，参考【产品数据】烘烤。

★ 烘烤的温度、时间仅供参考，需依烤箱不同微调数据。

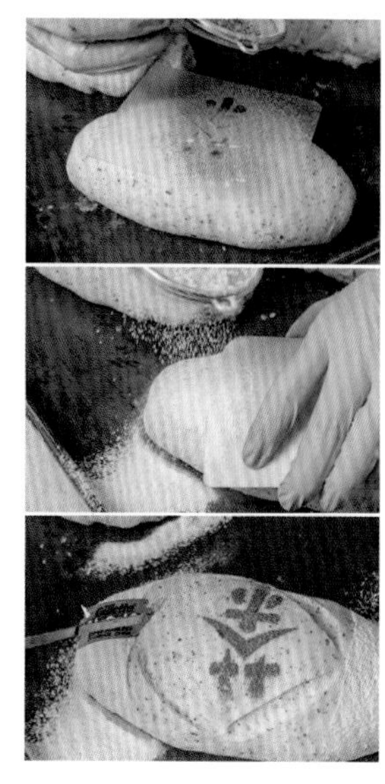

黄金桑葚金三角

▼ **产品数据**

搅拌作业	软欧面包面团 B（详见第 57 页） 配料：桑葚干 200g
基本发酵	40 分钟（温度 30°C/ 湿度 85%）
翻面	40 分钟（温度 30°C/ 湿度 85%）
分割滚圆	面团 200g
中间发酵	40 分钟（温度 30°C/ 湿度 85%）
整形作业	详阅内文（刷蛋黄液，铺上适量桑葚干）
最后发酵	50 分钟（温度 30°C/ 湿度 85%）
装饰烤焙	挤上适量黄金皮（见第 54 页），上火 210℃ / 下火 190℃， 烤 12~14 分钟

制作步骤

搅拌作业

1 面团参考【产品数据】制作到步骤 6，转中速搅打前加入桑葚干。

2 转中速打 2~3 分钟，打至面团完全扩展，用手撑开出现薄膜、破口呈圆润状，搅拌完成温度为 26°C。

基本发酵

3 在不粘烤盘上喷上烤盘油（或刷任意油脂），放上面团，取一端 1/3 面团朝中心折。

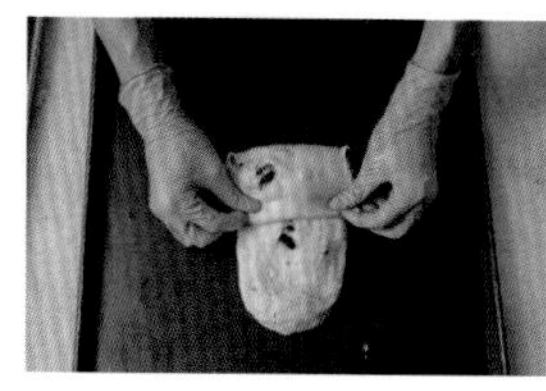

4 将另一端面团边缘压薄，再将已折叠部分往前翻折，将面团转向放置，参考【产品数据】送入发酵箱发酵。

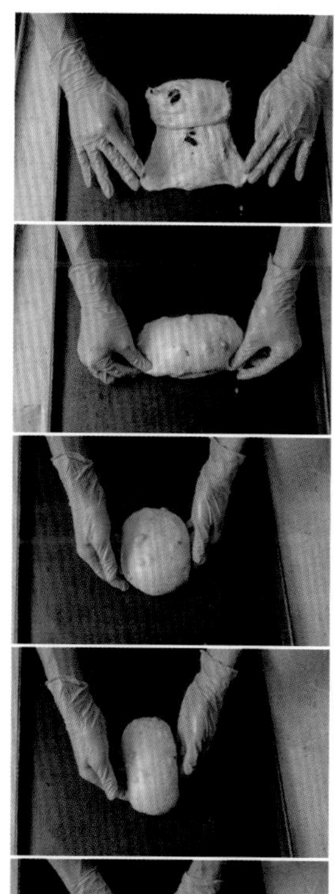

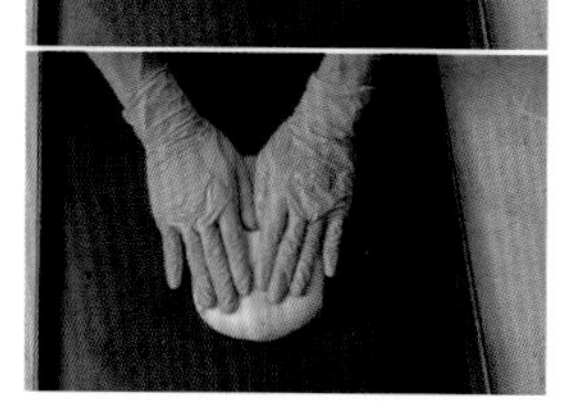

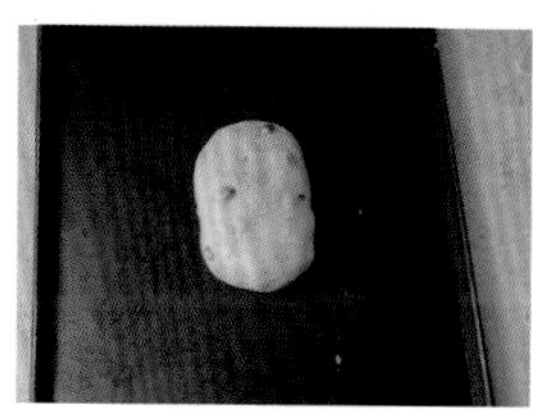

翻面

5 时间到取出，准备再三折一次，取一端 1/3 面团朝中心折。

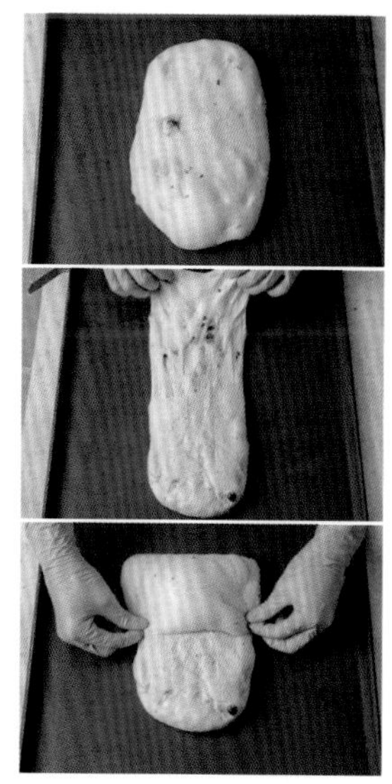

6 将已折叠部分向前翻折，将面团转向放置，参考【产品数据】送入发酵箱发酵。

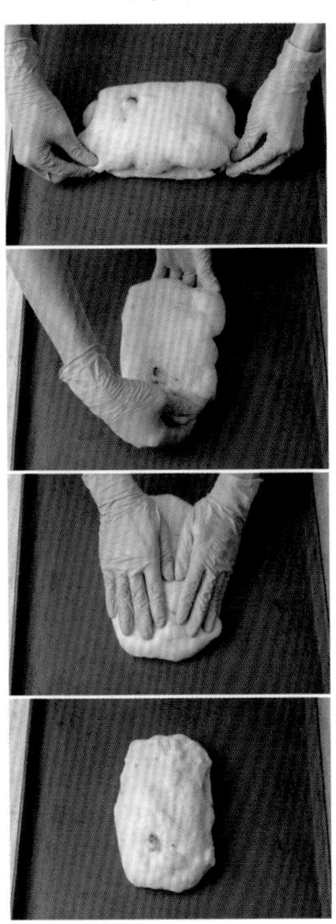

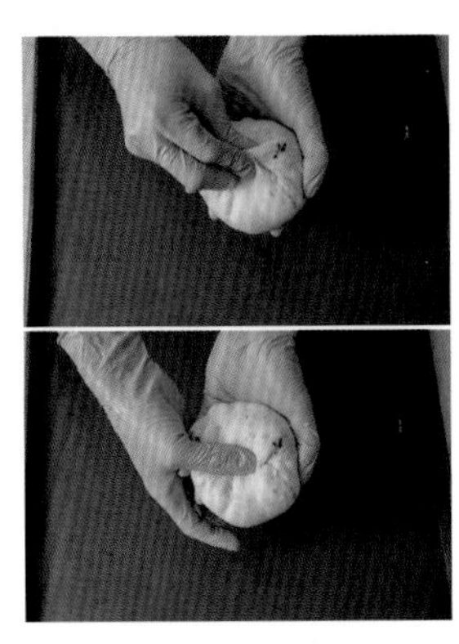

分割滚圆

7 参考【产品数据】分割面团，收圆，间距相等地排入不粘烤盘。

★ 面团需避免重复切割（会破坏面筋），建议以井字形分割。

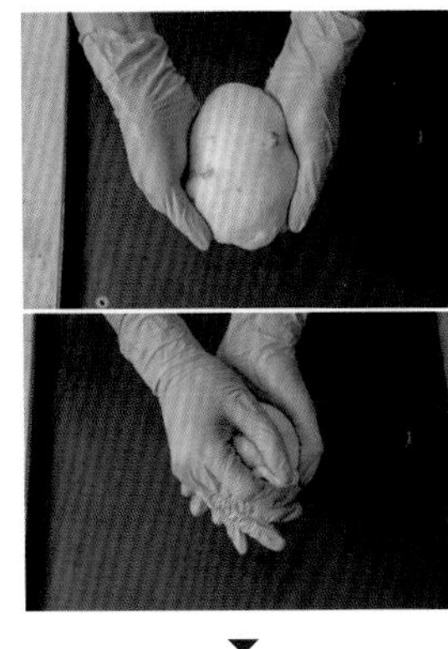

中间发酵

8 参考【产品数据】，将面团送入发酵箱发酵。

整形作业

9 将面团收拢，轻轻拍开排气。

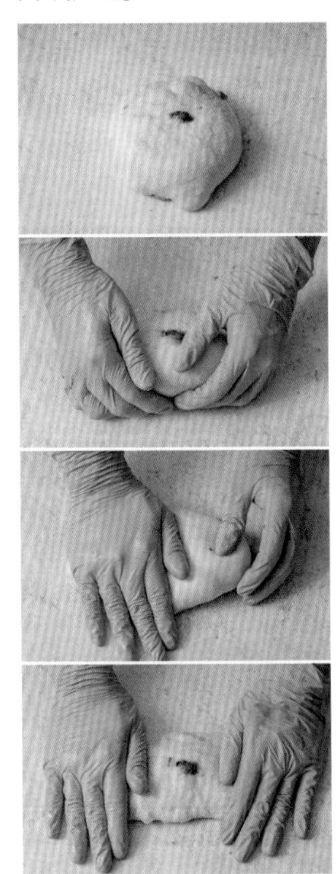

10 翻面，将面团尾端压薄。

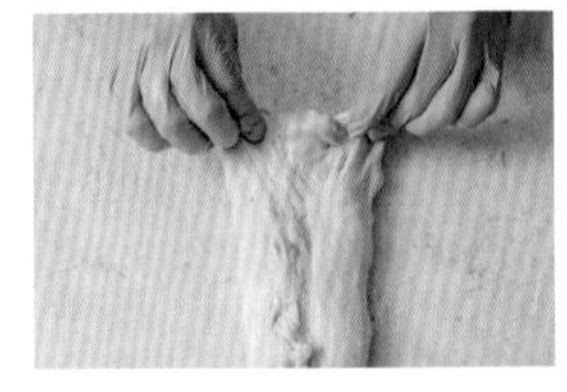

11 将面团用双手由上而下收折卷起，整形成长条形。

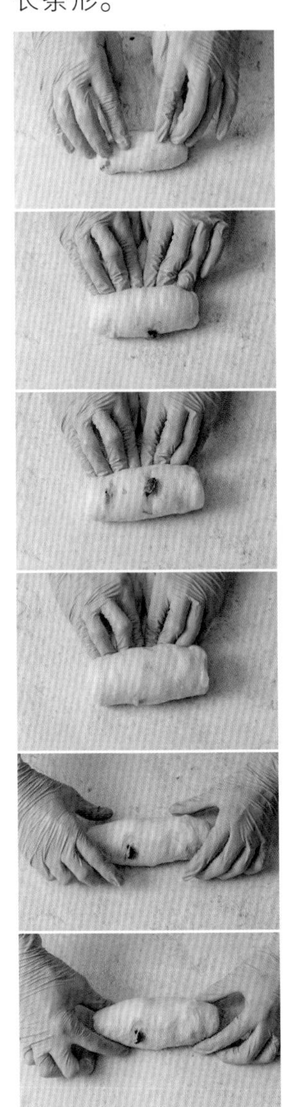

12 间距相等地排入不粘烤盘，刷上蛋黄液，铺上适量桑葚干。

最后发酵

13 参考【产品数据】送入发酵箱发酵。

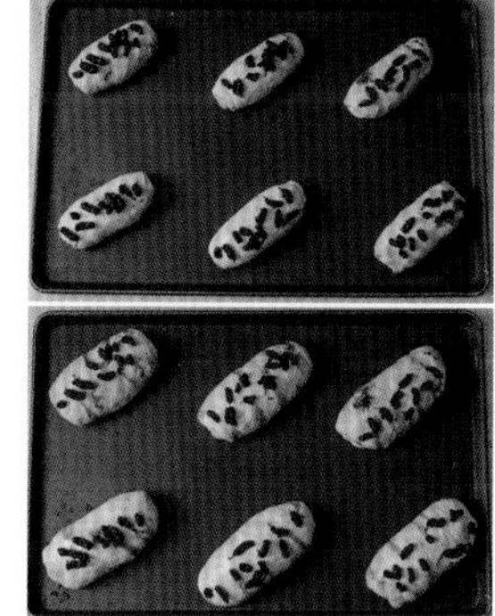

装饰烤焙

14 挤上适量黄金皮，送入预热好的烤箱，参考【产品数据】烘烤。

★ 烘烤的温度、时间仅供参考，需依烤箱不同微调数据。

No.28

五谷米地瓜健康包

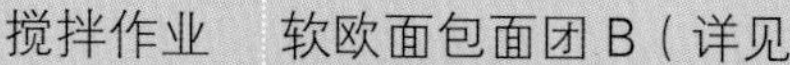

▼ 产品数据

搅拌作业	软欧面包面团 B（详见第 57 页） 配料：五谷米*200g、切丁的黄地瓜干 150g
基本发酵	40 分钟（温度 30°C/ 湿度 85%）
翻面	40 分钟（温度 30°C/ 湿度 85%）
分割滚圆	主面团 150g；外皮面团 50g
中间发酵	45 分钟（温度 30°C/ 湿度 85%）
整形作业	详阅内文
最后发酵	50 分钟（温度 30°C/ 湿度 85%）
装饰烤焙	将撒粉字板放在发酵好的面团上，筛上裸麦粉，割两刀，上火 220℃ / 下火 180℃，烤 14 分钟

编者注：* 五谷米分别是熟的薏米、黑米、糙米、小米、葵花籽。

制作步骤

搅拌作业

1 面团参考【产品数据】制作到步骤 6，再放入无盐黄油，转慢速打至黄油吃进面团里。

2 转中速打 2~3 分钟，打至面团完全扩展，用手撑开出现薄膜、破口呈圆润状（完成前 30 秒再下五谷米跟切丁的黄地瓜干，拌匀即可），搅拌完成温度为 26°C。

基本发酵

3 在不粘烤盘上喷上烤盘油（或刷任意油脂），放上面团，取一端 1/3 面团朝中心折。

4 将另一端面团边缘压薄，再将已折叠部分向前翻折，将面团转向放置，参考【产品数据】送入发酵箱发酵。

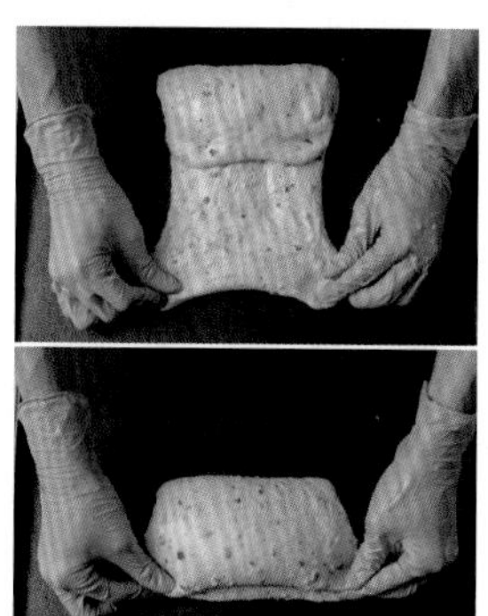

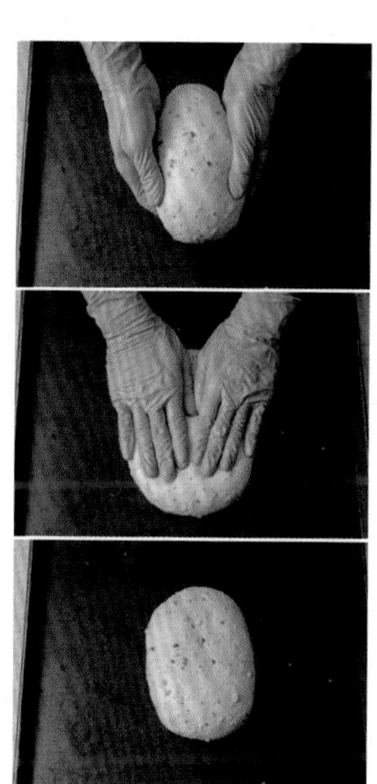

翻面

5 时间到取出，准备再三折一次，取一端 1/3 面团朝中心折。

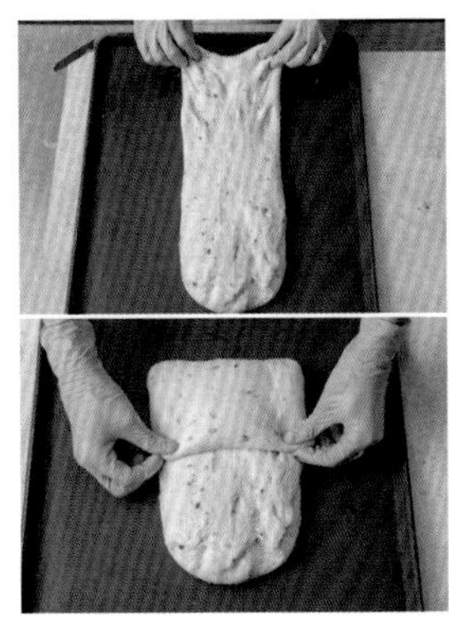

6 将另一端面团边缘压薄，再将已折叠部分向前翻折，将面团转向放置，参考【产品数据】送入发酵箱发酵。

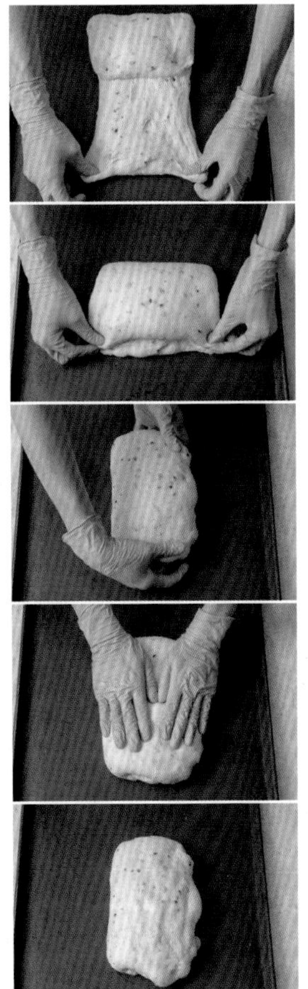

分割滚圆

7 参考【产品数据】分割面团，收圆，间距相等地排入不粘烤盘。

★ 面团需避免重复切割（会破坏面筋），建议以井字形分割。

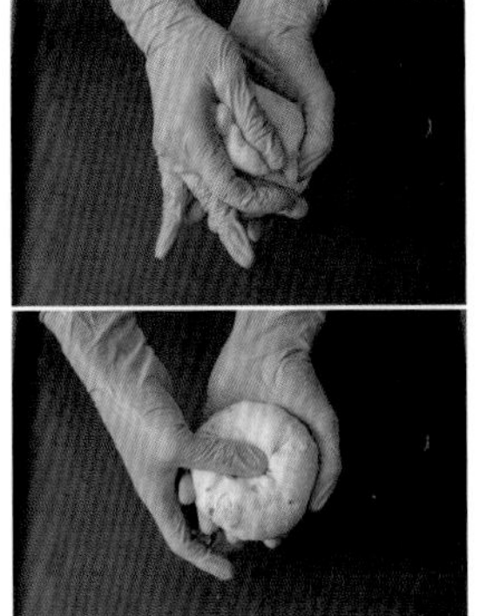

中间发酵

8 参考【产品数据】，将面团送入发酵箱发酵。

整形作业

9 取主面团轻轻拍开排气。

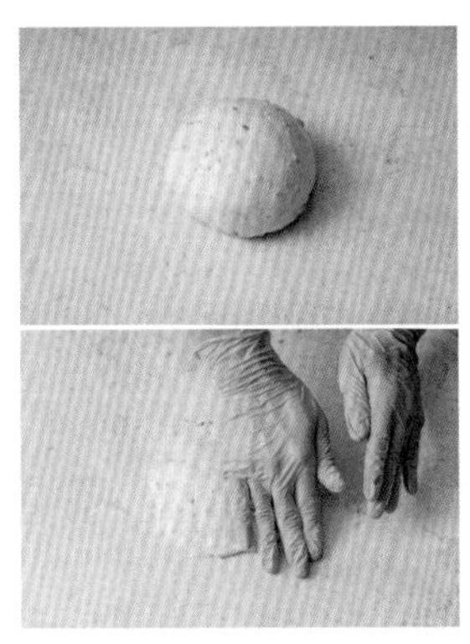

10 翻面，收折成三角形，捏紧收口，翻正。

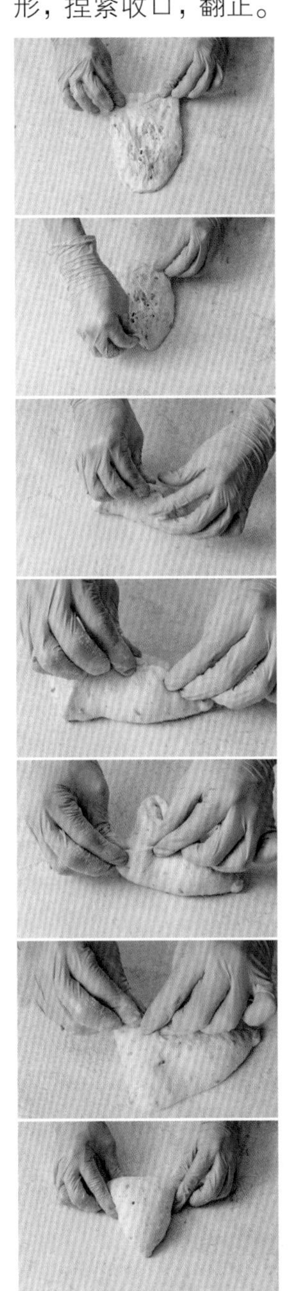

11 将外皮面团轻轻拍开，擀成片状，翻面，捏出三个角。

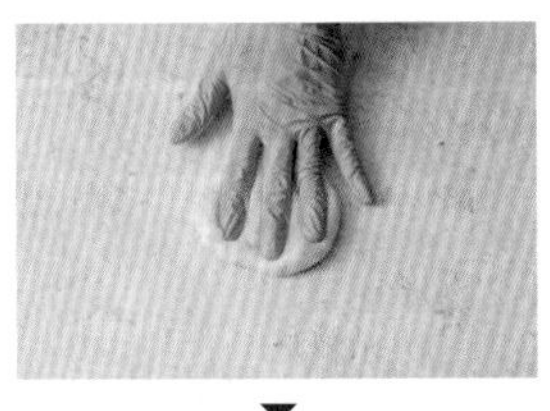

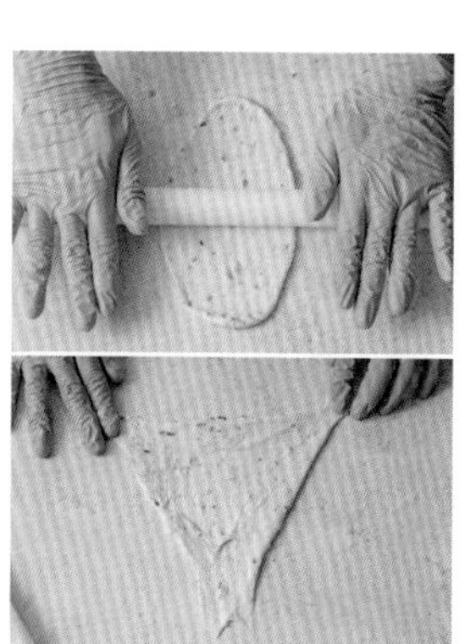

12 主面团收口处朝上，放在外皮面团上。

13 将三个角朝中心收折，捏紧，翻正。

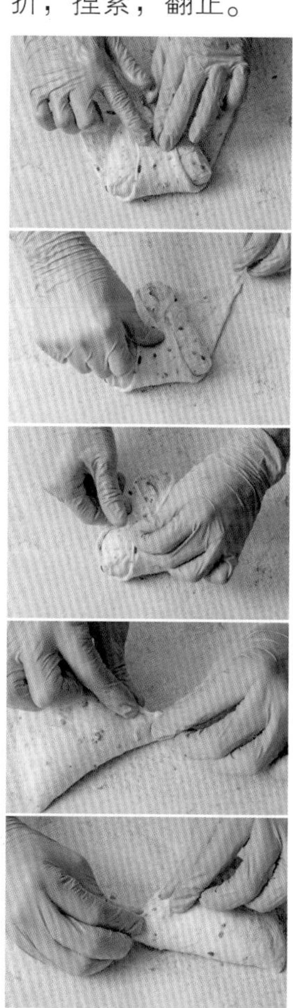

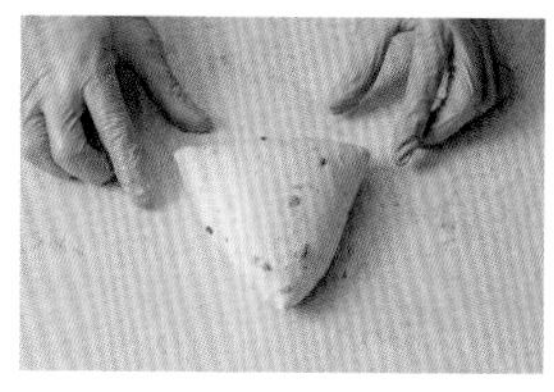

最后发酵

14 间距相等地排入不粘烤盘，参考【产品数据】送入发酵箱发酵。

装饰烤焙

15 将撒粉字板放在发酵好的面团上，筛上裸麦粉，割两刀，送入预热好的烤箱，参考【产品数据】烘烤。

★ 烘烤的温度、时间仅供参考，需依烤箱不同微调数据。

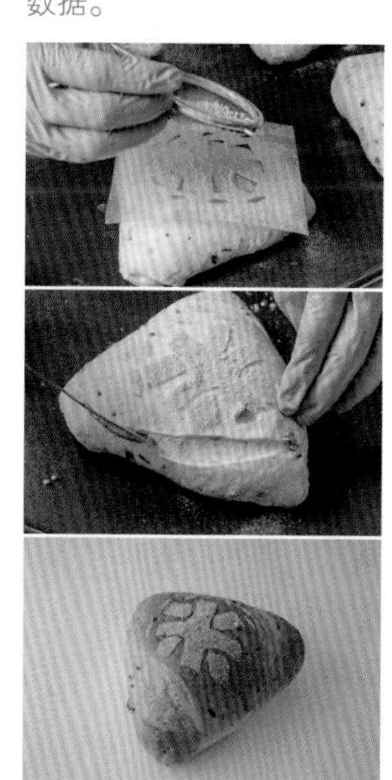

WUMAI

No.29

洛神山药

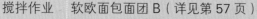

▼ **产品数据**

搅拌作业	软欧面包面团 B（详见第 57 页） 配料：切碎的蜂蜜洛神花干 100g、红曲粉 20g
基本发酵	35 分钟（温度 30°C/ 湿度 85%）
翻面	35 分钟（温度 30°C/ 湿度 85%）
分割滚圆	面团 150g
中间发酵	50 分钟（温度 30°C/ 湿度 85%）
整形作业	详阅内文（包入山药馅 50g）
最后发酵	50 分钟（温度 30°C/ 湿度 85%）
装饰烤焙	将撒粉字板放在发酵好的面团上，筛上高筋面粉，割 4 刀，入炉喷蒸汽 3 秒，上火 220℃ / 下火 170℃，烤 13 分钟

制作步骤

搅拌作业

1 面团参考【产品数据】制作到步骤 6，再放入无盐黄油，转慢速打至黄油吃进面团里。

2 转中速打 2~3 分钟，打至面团完全扩展，用手撑开出现薄膜、破口呈圆润状（完成前 30 秒再下切碎的蜂蜜洛神花干跟红曲粉，拌匀即可），搅拌完成温度为 26°C。

基本发酵

3 在不粘烤盘上喷上烤盘油（或刷任意油脂），放上面团，取一端 1/3 面团朝中心折。

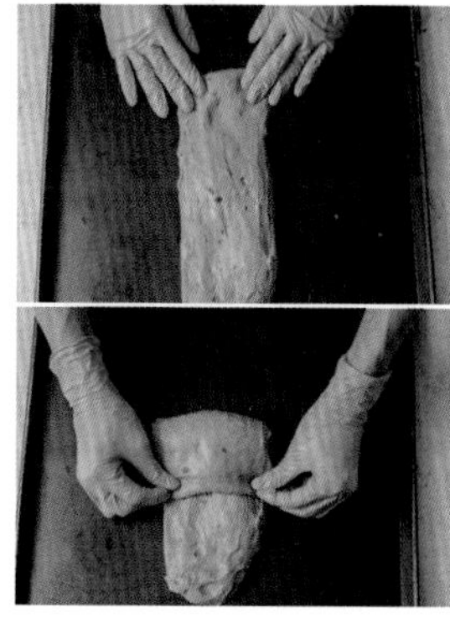

4 将另一端边缘压薄，再将已折叠部分向前翻折，将面团转向放置，参考【产品数据】送入发酵箱发酵。

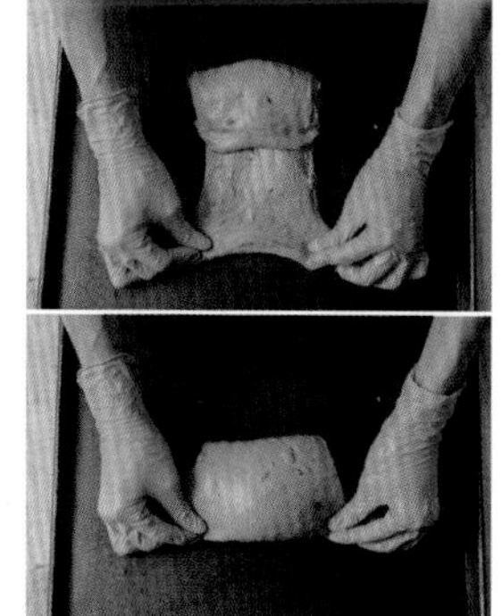

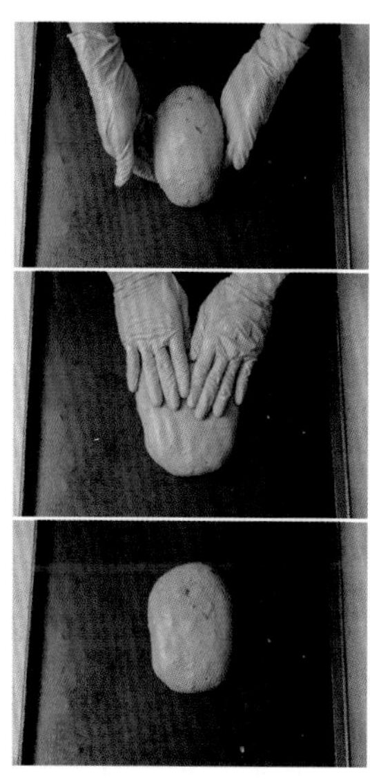

翻面

5 时间到取出，准备再三折一次，取己侧 1/3 面团朝中心折。

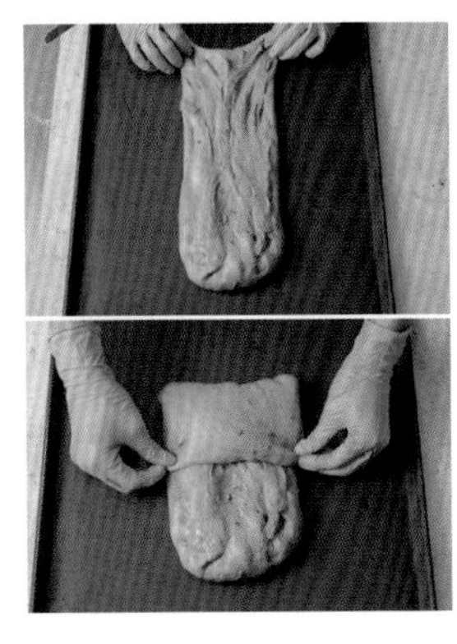

6 将另一端面团边缘压薄，再将已折叠部分向前翻折，将面团转向放置，参考【产品数据】送入发酵箱发酵。

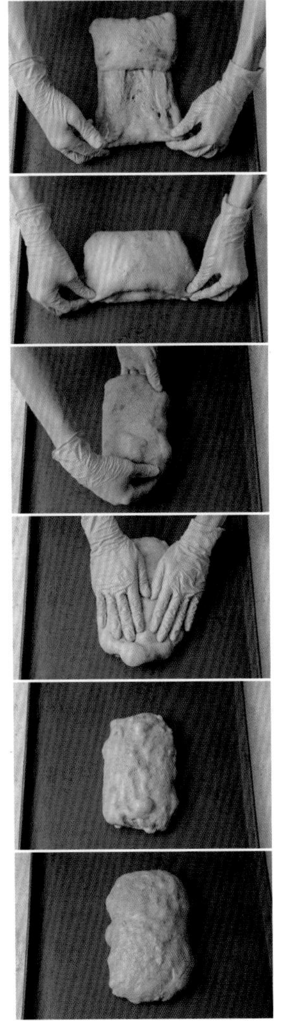

分割滚圆

7 参考【产品数据】分割面团，收圆，间距相等地排入不粘烤盘。

★ 面团需避免重复切割（会破坏面筋），建议以井字形分割。

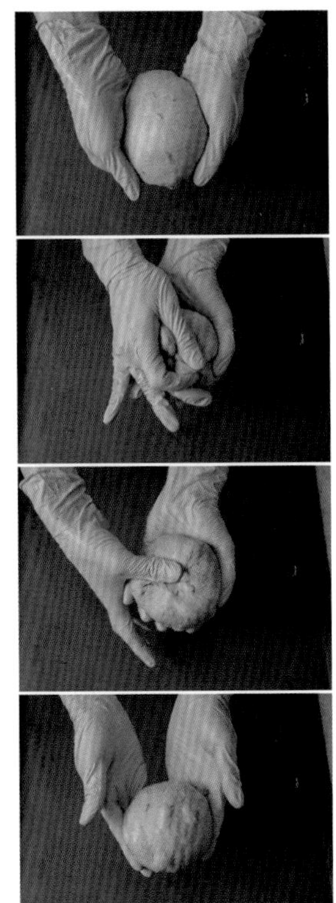

中间发酵

8 参考【产品数据】，将面团送入发酵箱发酵。

整形作业

9 取主面团收拢，轻轻拍开排气。

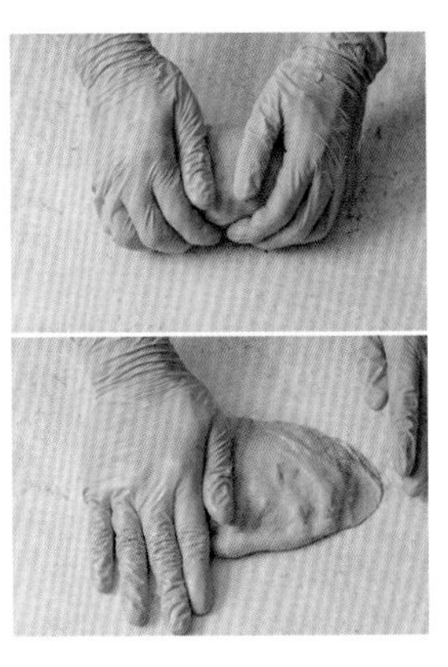

10 翻面，将面团尾端压薄。

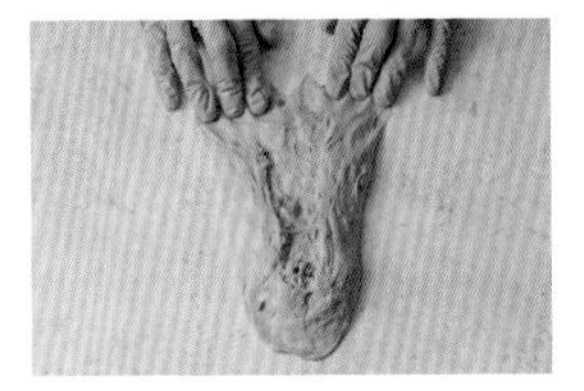

11 铺上 50g 山药馅。

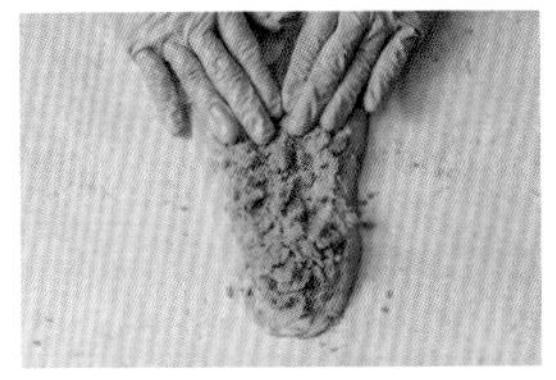

12 将面团用双手由上往下收折，收折成橄榄形。

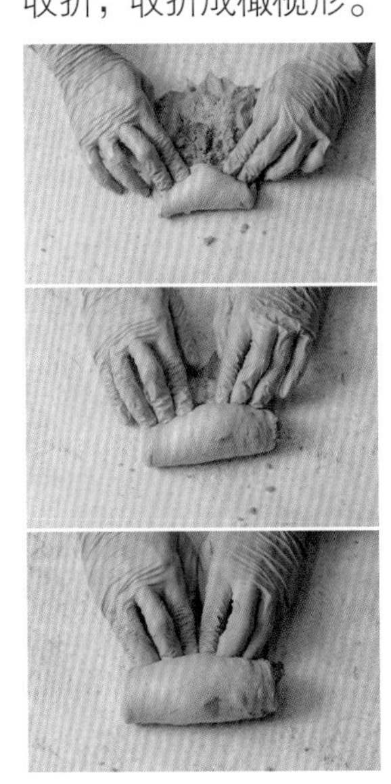

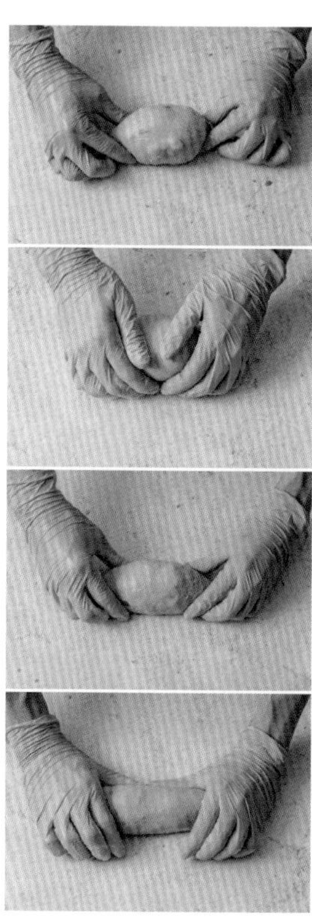

最后发酵

13 将面团间距相等地排入不粘烤盘，参考【产品数据】送入发酵箱发酵。

装饰烤焙

14 将撒粉字板放在发酵好的面团上，筛上高筋面粉，割4刀，送入预热好的烤箱，入炉喷蒸汽3秒，参考【产品数据】烘烤。

★ 烘烤的温度、时间仅供参考，需依烤箱不同微调数据。

No.30

姜黄咖喱软欧

▼ **产品数据**

搅拌作业	软欧面包面团 B（详见第 57 页） 配料：姜黄粉 8g
基本发酵	35 分钟（温度 30°C/ 湿度 85%）
翻面	35 分钟（温度 30°C/ 湿度 85%）
分割滚圆	面团 150g
中间发酵	45 分钟（温度 30°C/ 湿度 85%），整形前制作姜黄酥菠萝
整形作业	详阅内文（日式咖喱馅 * 20g+10g，刷上全蛋液，裹上姜黄酥菠萝）
最后发酵	50 分钟（温度 30°C/ 湿度 85%）
入炉烘烤	上火 220℃ / 下火 180℃，烤 13 分钟，出炉时先筛上高筋面粉，再分别用纸板挡着，筛上抹茶粉、紫山药粉

编者注：* 作者使用的是“麦之田日式咖喱馅”，读者可用其他品牌日式咖喱块调制，并注意把握咸度。用咖喱粉的话，用量相对减半。

▼ **姜黄酥菠萝**

低筋面粉	475g
无盐黄油	200g
细砂糖	200g
姜黄粉	8g

做法：
1. 低筋面粉预先过筛。
2. 将所有材料一同拌匀，用筛网过筛备用。

制作步骤

搅拌作业

1　面团参考【产品数据】制作到步骤6，转中速搅打前加入姜黄粉。

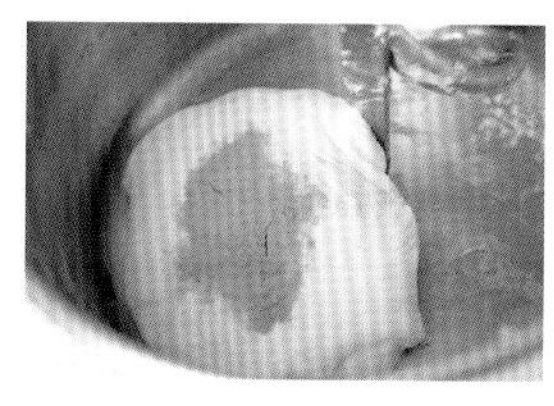

2　转中速打2~3分钟，打至面团完全扩展，用手撑开出现薄膜、破口呈圆润状，搅拌完成温度为26°C。

基本发酵

3　在不粘烤盘上喷上烤盘油（或刷任意油脂），放上面团，取一端1/3面团朝中心折。

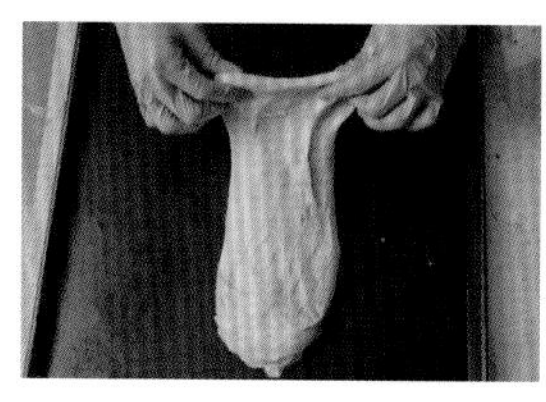

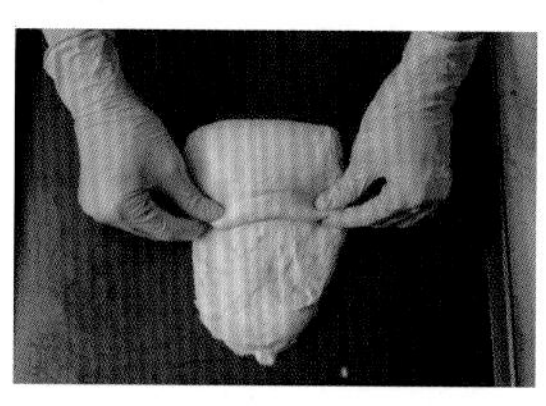

4　将另一端面团边缘压薄，再将已折叠部分向前翻折，将面团转向放置，参考【产品数据】送入发酵箱发酵。

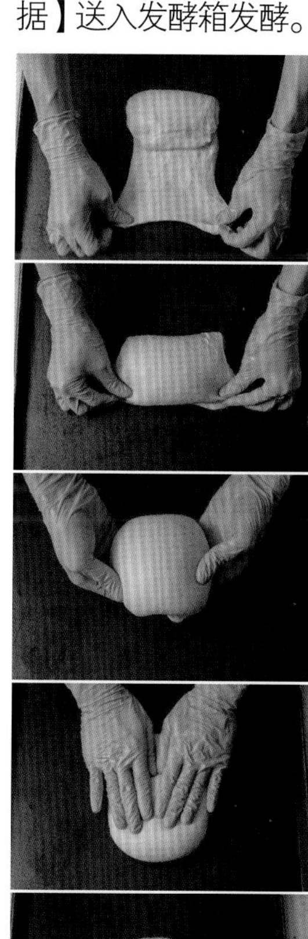

翻面

5　时间到取出，准备再三折一次，取一端1/3面团朝中心折。

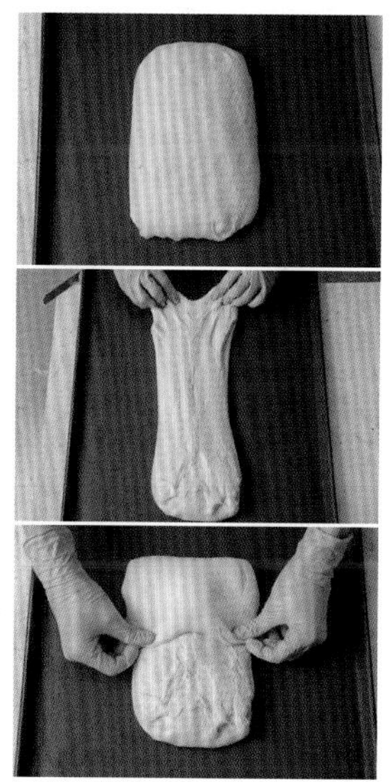

6 将另一端边缘压薄，再将已折叠部分向前翻折，将面团转向放置，参考【产品数据】送入发酵箱发酵。

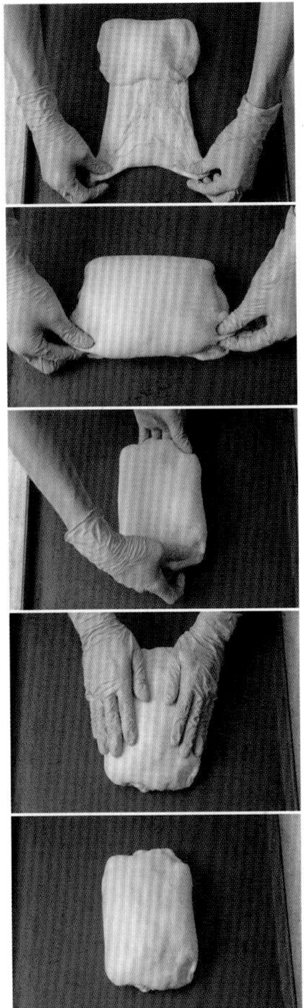

分割滚圆

7 参考【产品数据】分割面团，收圆，间距相等地排入不粘烤盘。

★ 面团需避免重复切割（会破坏面筋），建议以井字形分割。

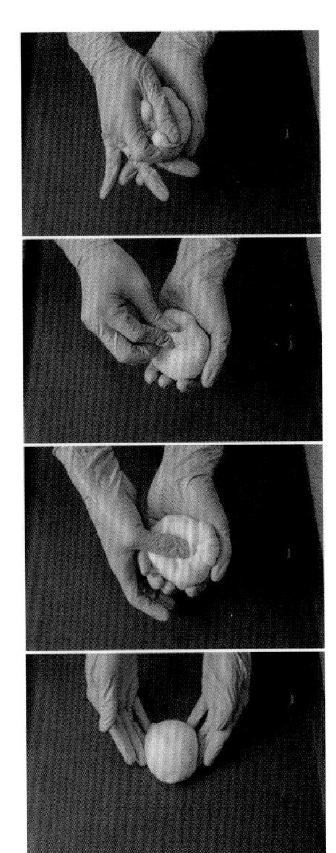

中间发酵

8 参考【产品数据】，将面团送入发酵箱发酵。

9 中间发酵期间备妥姜黄酥菠萝。

整形作业

10 取主面团收拢，轻轻拍开排气。

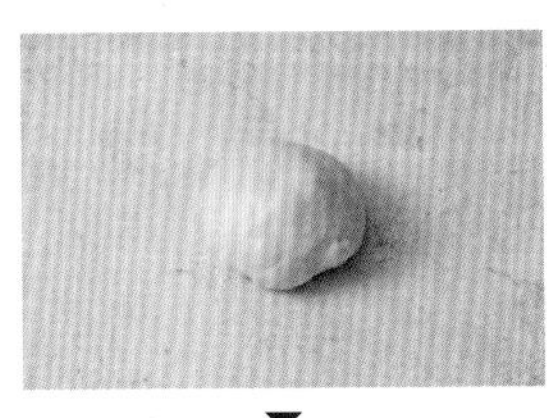

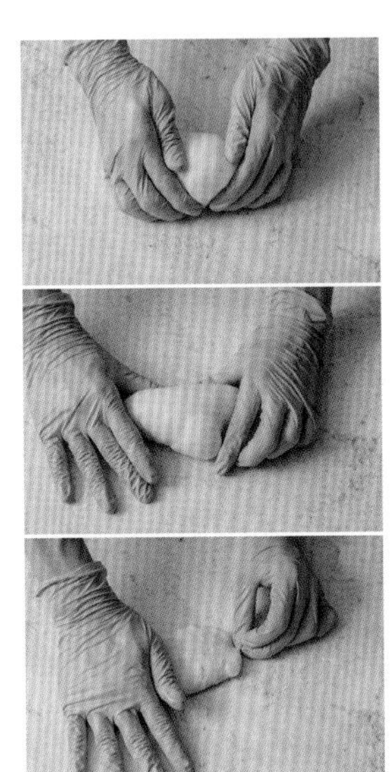

11 翻面，将面团尾端压薄。

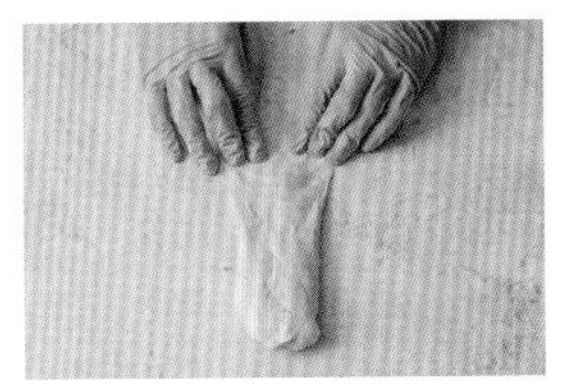

12 在面团下半部分抹上日式咖喱馅 20g，折起。

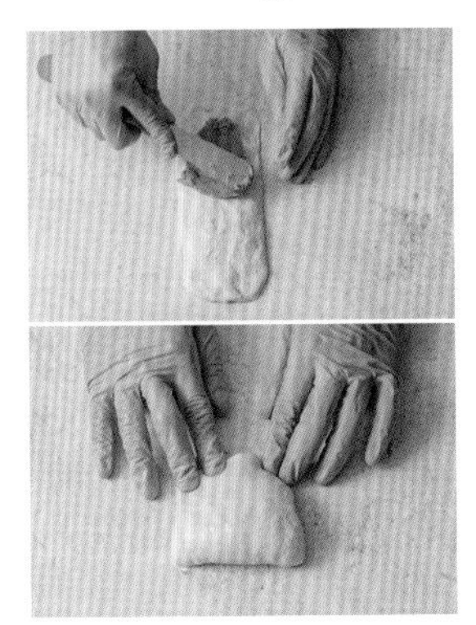

13 再抹上日式咖喱馅10g，收折成椭圆长条，捏紧收口。

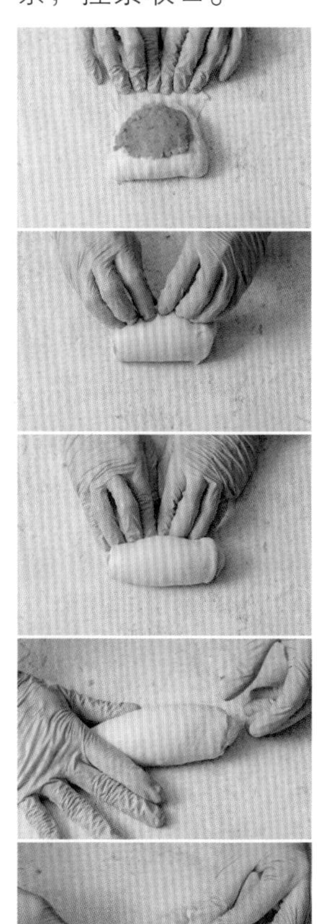

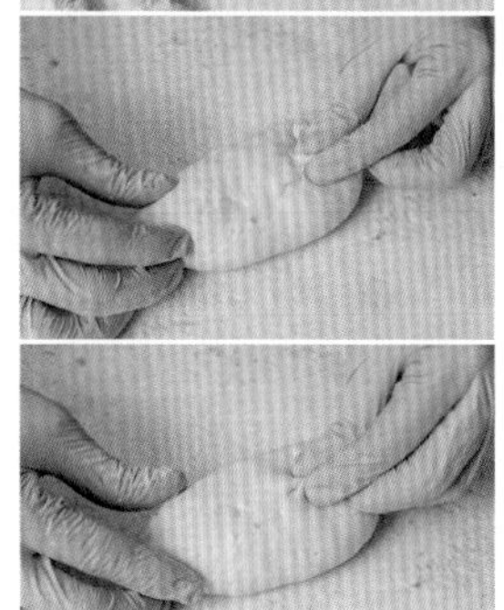

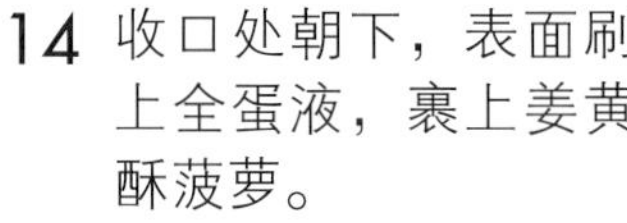

14 收口处朝下，表面刷上全蛋液，裹上姜黄酥菠萝。

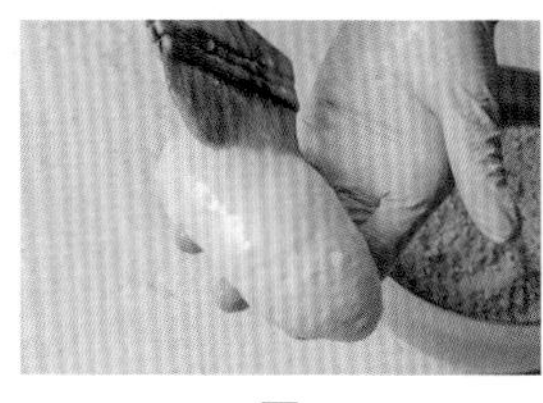

最后发酵

15 将面团间距相等地排入不粘烤盘，参考【产品数据】送入发酵箱发酵。

入炉烘烤

16 送入预热好的烤箱，参考【产品数据】烘烤。

★ 烘烤的温度、时间仅供参考，需依烤箱不同微调数据。

17 出炉后先筛上高筋面粉，再用纸板挡着，筛上抹茶粉、紫山药粉。

WUMAi

No.31

娟吐司

▼ **产品数据**

搅拌作业	详阅内文
基本发酵	40 分钟（温度 30°C/ 湿度 85%）
分割滚圆	面团 160g×3（三能模具 SN2066，450g 吐司模，一模 3 颗）
中间发酵	25 分钟（温度 30°C/ 湿度 85%）
整形作业	详阅内文
最后发酵	50 分钟（温度 30°C/ 湿度 85%）
入炉烘烤	模具带盖，上火 210℃ / 下火 190℃，烤 21~28 分钟

▼ **面团总重 2018g**

	材料名称	重量 / g	烘焙百分比
①	高筋面粉	1000	100
	细砂糖	120	12
	海盐	18	1.8
②	炼乳	80	8
	动物性淡奶油	120	12
	酸奶	100	10
	水	450	45
③	新鲜酵母	30	3
④	无盐黄油	100	10

★ 新鲜酵母与速发干酵母的使用换算比例为 3 ： 1。

★ 如果觉得分量太多，可以用百分比自行换算所需分量。家庭制作可将配方量统一除以 2，用 500g 面粉比例制作。

★ 材料②的湿性材料可以称在一起。

★ 预先将无盐黄油室温软化，软化至指腹轻压有指痕的程度即可。

制作步骤

搅拌作业

1 在搅拌缸中分区加入材料①干性材料，倒入材料②湿性材料。

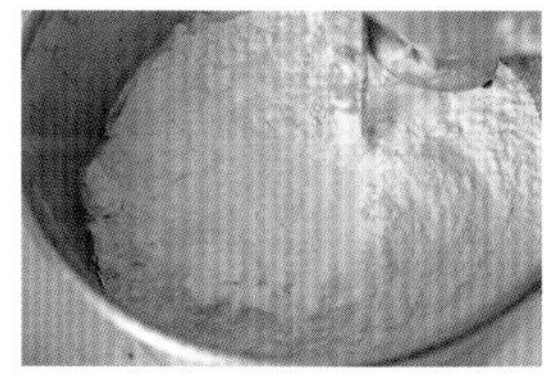

2 慢速搅拌 1 分钟，成团后加入材料③。

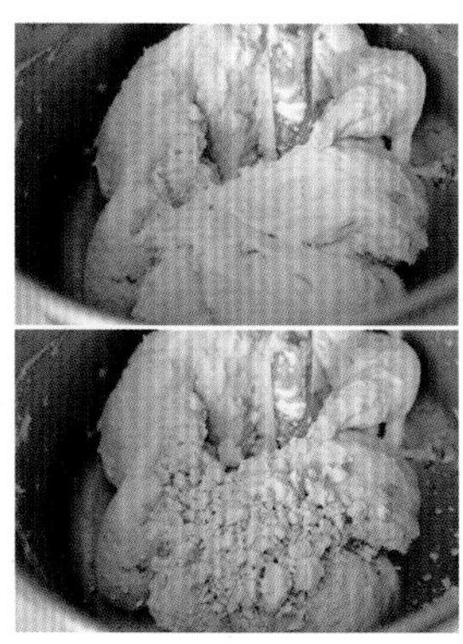

3 中速打 4~5 分钟，打到均匀，转快速，打至面团柔软有光泽，用手撑开出现厚膜、破口边缘呈锯齿状。

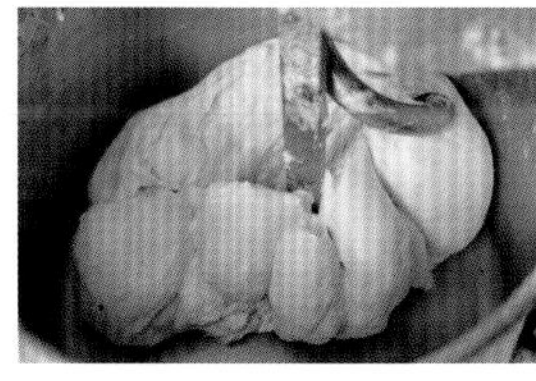

4 加入材料④，转慢速打至黄油吃进面团里，转中速打 2~3 分钟。

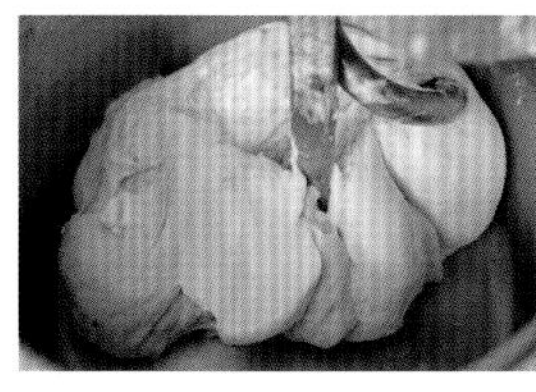

5 打至面团完全扩展，用手撑开出现薄膜、破口呈圆润状，搅拌完成温度为 26°C。

基本发酵

6 在不粘烤盘上喷上烤盘油（或刷任意油脂），放上面团，取一端 1/3 面团朝中心折。

7 再将已折叠部分向前翻折，将面团转向放置，参考【产品数据】送入发酵箱发酵。

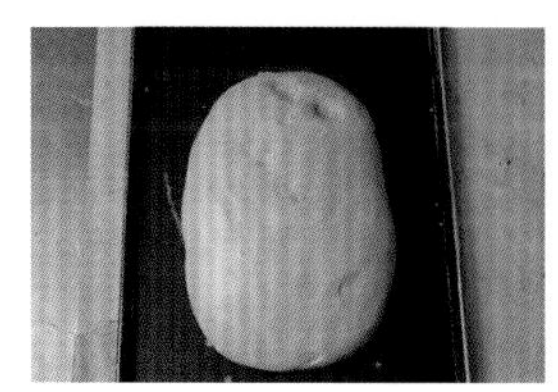

分割滚圆

8 参考【产品数据】分割面团，收圆，间距相等地排入不粘烤盘。

★ 面团需避免重复切割（会破坏面筋），建议以井字形分割。

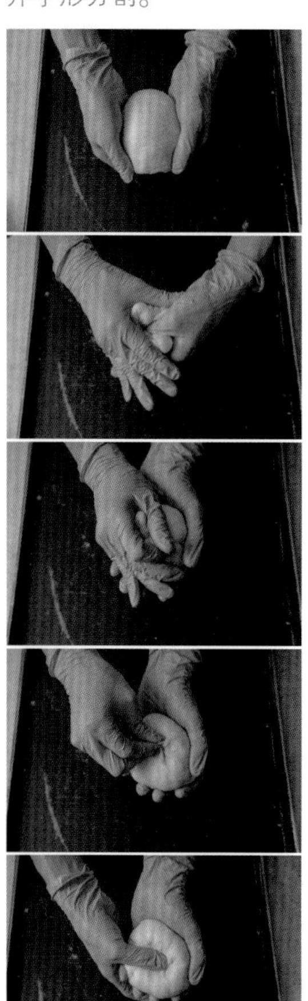

中间发酵

9 参考【产品数据】，将面团送入发酵箱发酵。

整形作业

10 将中发好的面团轻轻拍开，进行排气操作。

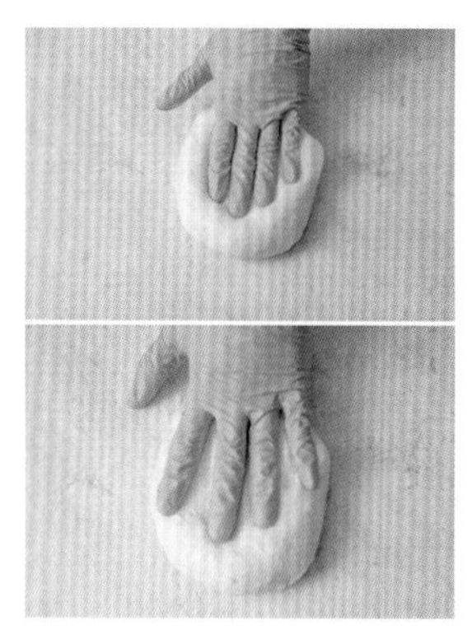

11 用擀面棍擀开面团，翻面横向对折，盖上袋子静置松弛 10 分钟。

★ 盖上袋子避免静置时表面风干结皮。

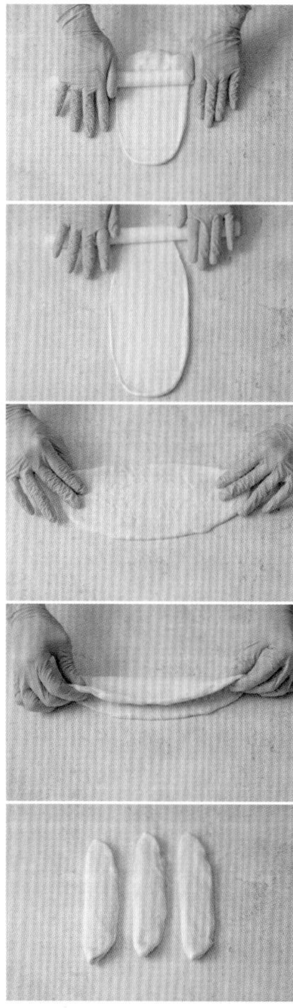

12 再次以擀面棍擀开。

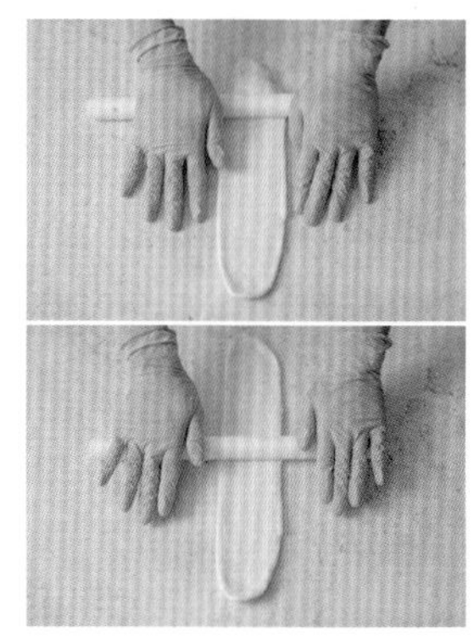

13 翻面，将面团尾端压薄。

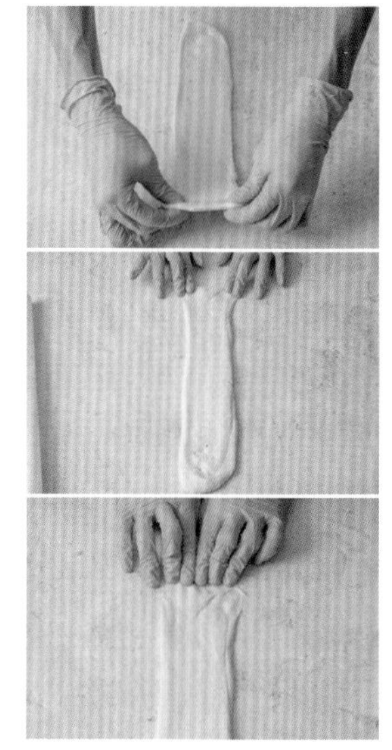

14 从上往下收折。

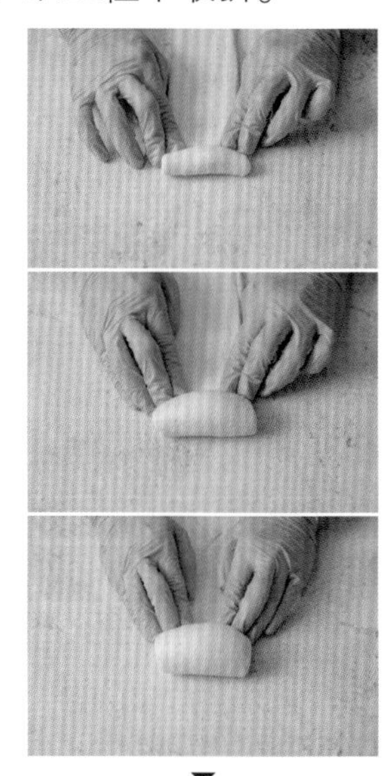

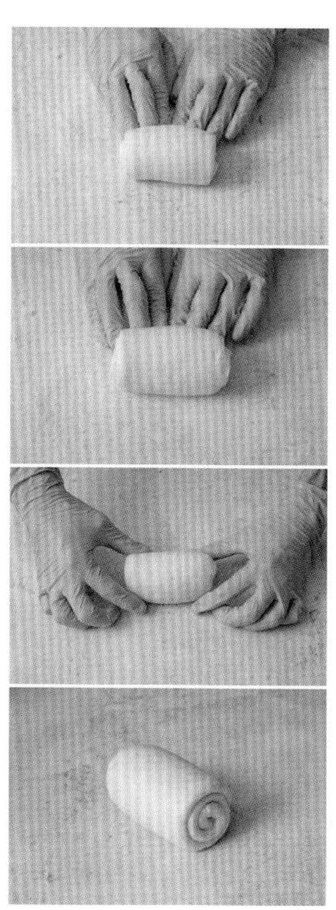

15 将面团收口朝下放入模具中，3 颗面团放在一个模具中。

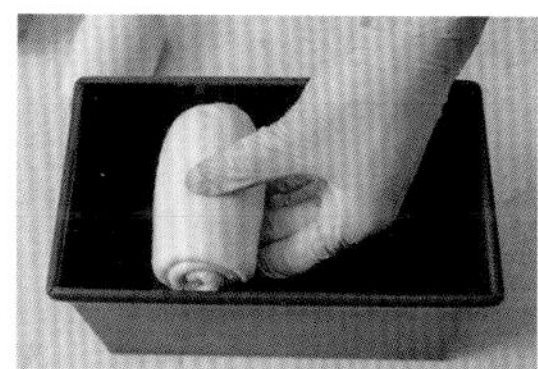

最后发酵

16 参考【产品数据】送入发酵箱发酵，发至模具的七分半满。

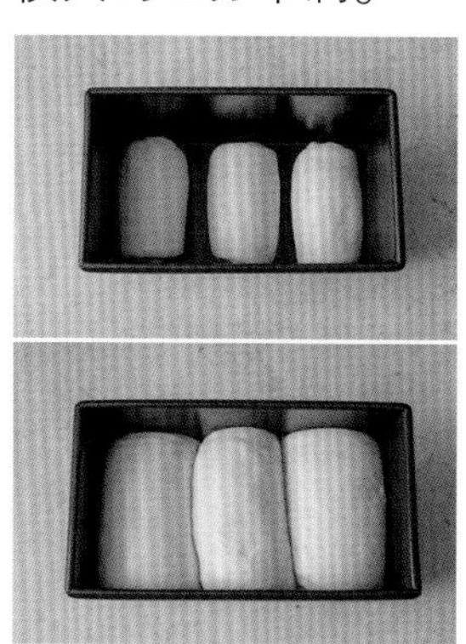

入炉烘烤

17 模具带盖，送入预热好的烤箱，参考【产品数据】烘烤。

★ 烘烤的温度、时间仅供参考，需依烤箱不同微调数据。

18 出炉时重敲模具，把热气震出，脱膜完成。

WUMAi

地瓜叶菠菜吐司

▼ **产品数据**

搅拌作业	详阅内文
基本发酵	40 分钟（温度 30°C/ 湿度 85%）
分割滚圆	面团 160g×3（三能模具 SN2066，450g 吐司模，一模 3 颗）
中间发酵	45 分钟（温度 30°C/ 湿度 85%）
整形作业	详阅内文
最后发酵	40 分钟（温度 30°C/ 湿度 85%）
入炉烘烤	上火 180℃ / 下火 210℃，烤 21~28 分钟

▼ **面团总重 2458g**

	材料名称	重量 / g	烘焙百分比
①	高筋面粉	1000	100
	上白糖	80	8
	盐	18	1.8
	全脂奶粉	30	3
②	全蛋	50	5
	地瓜叶泥	300	30
	鲜奶	450	45
③	新鲜酵母	30	3
④	法国老面（见第 58 页）	250	25
⑤	无盐黄油	200	20
⑥	菠菜叶（切碎）	50	5

★ 新鲜酵母与速发干酵母的使用换算比例为 3 ： 1。

★ 如果觉得分量太多，可以用百分比自行换算所需分量。家庭制作可将配方量统一除以 2，用 500g 面粉比例制作。

★ 材料②的湿性材料可以称在一起。

★ 预先将无盐黄油室温软化，软化至指腹轻压有指痕的程度即可。

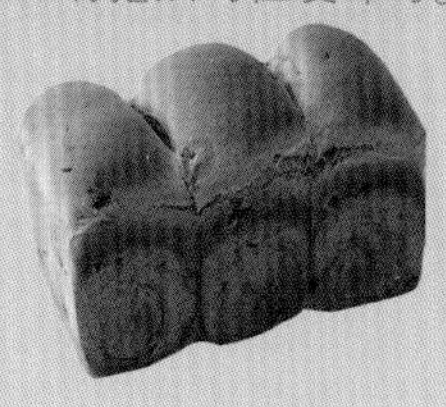

制作步骤

搅拌作业

1 在搅拌缸中分区加入材料①干性材料，倒入材料②湿性材料。

2 慢速搅拌 1 分钟，成团后加入材料③。

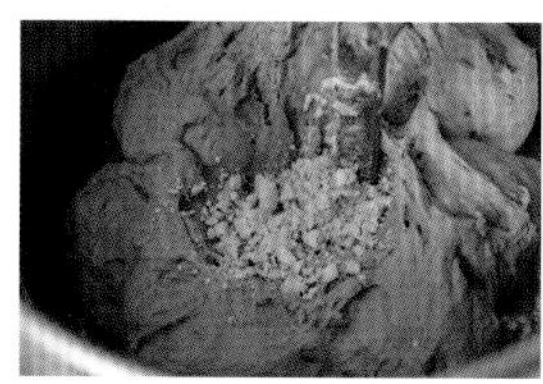

3 中速打 4~5 分钟，打到均匀，转快速，打至面团柔软有光泽，用手撑开出现厚膜、破口边缘呈锯齿状。

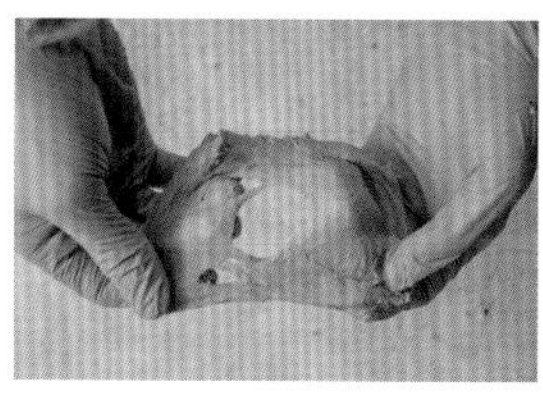

4 加入材料④（法国老面尽量在冰的状态下），中速打 2~3 分钟，打至法国老面与面团结合、呈光滑亮面。

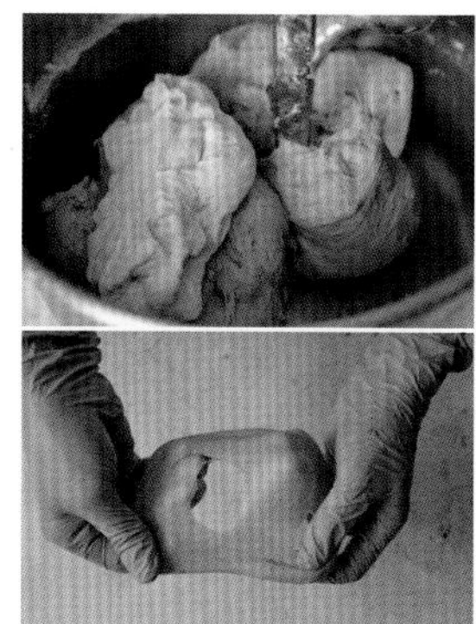

5 加入材料⑤，转慢速打至黄油吃进面团里，转中速打 2~3 分钟。

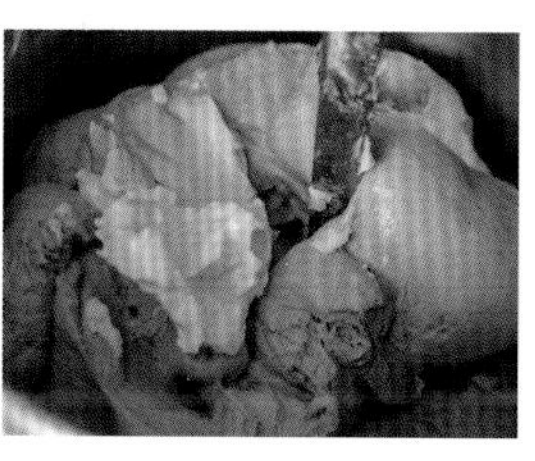

6 打至面团完全扩展，用手撑开出现薄膜、破口呈圆润状，下材料⑥拌匀即可，搅拌完成温度为 26°C。

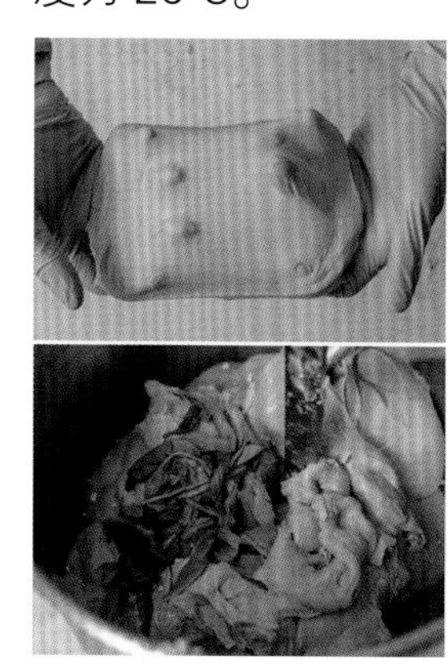

基本发酵

7 在不粘烤盘上喷烤盘油（或刷任意油脂），放上面团，取一端 1/3 面团朝中心折。

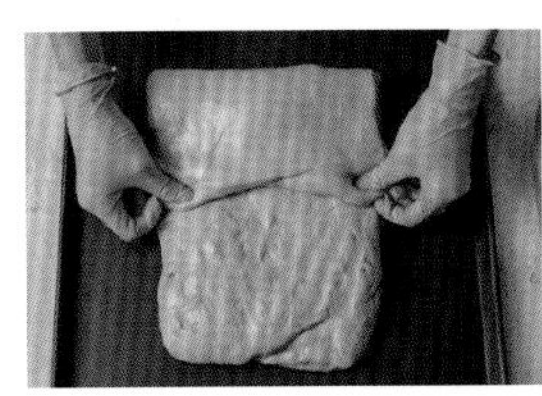

8 将另一端边缘压薄，再将已折叠部分向前翻折，将面团转向放置，参考【产品数据】送入发酵箱发酵。

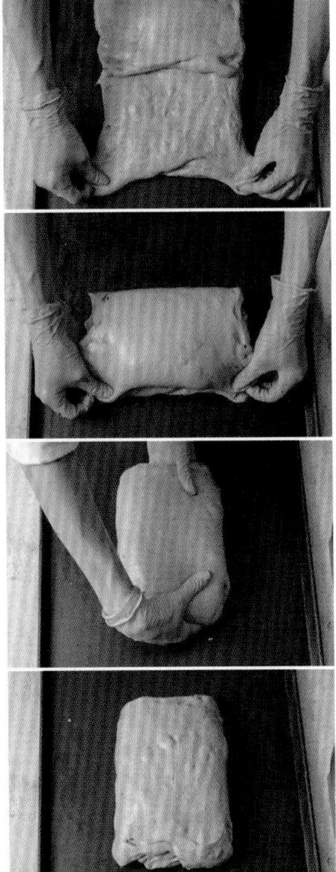

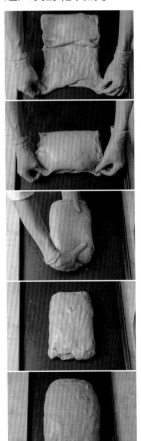

分割滚圆

9 参考【产品数据】分割面团，收圆，间距相等地排入不粘烤盘。

★ 面团需避免重复切割（会破坏面筋），建议以井字形分割。

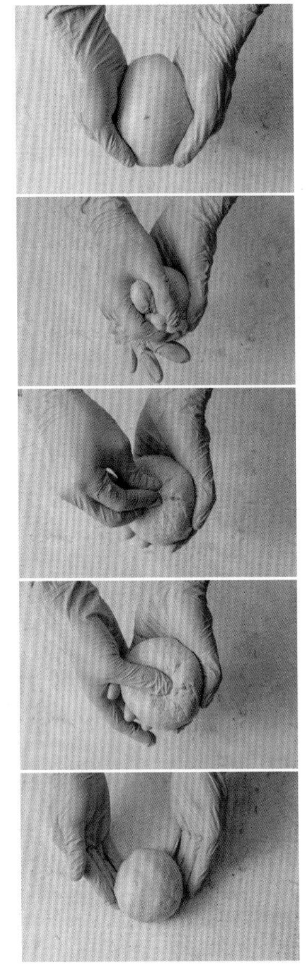

中间发酵

10 参考【产品数据】，将面团送入发酵箱发酵。

整形作业

11 将中发好的面团轻轻拍开，进行排气操作。

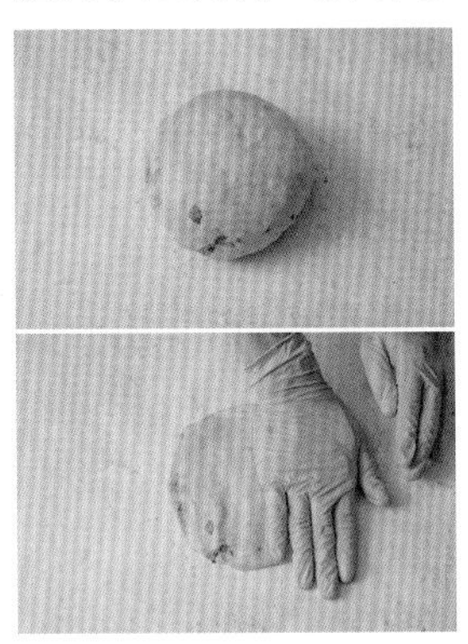

12 翻面，将面团尾端压薄，从上往下收折。

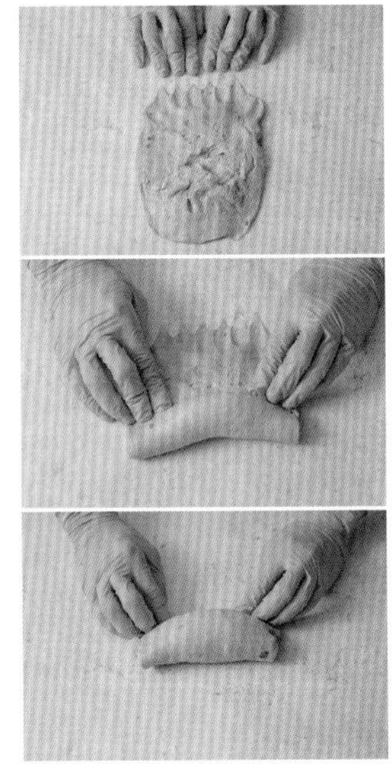

13 盖上袋子静置松弛 10 分钟。

★ 盖上袋子避免静置时表面风干结皮。

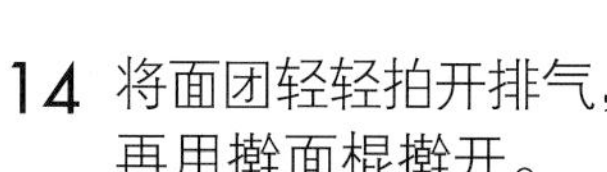

14 将面团轻轻拍开排气，再用擀面棍擀开。

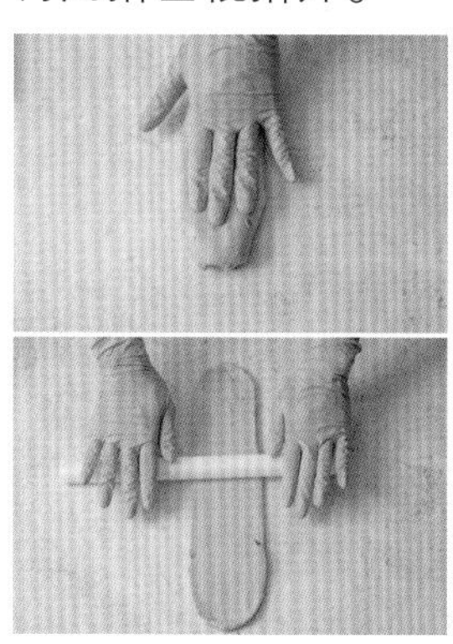

15 翻面，将面团尾端压薄，从上往下收折，面团收口朝下放入模具中，3 颗面团放在一个模具中。

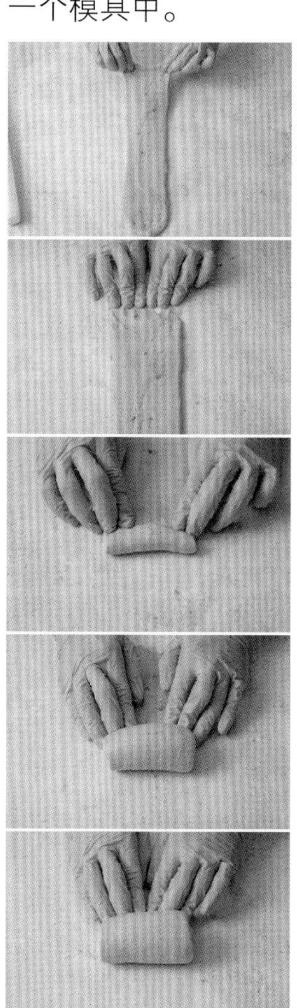

最后发酵

16 参考【产品数据】送入发酵箱发酵，发至模具的七分半满。

入炉烘烤

17 送入预热好的烤箱，参考【产品数据】烘烤。

★ 烘烤的温度、时间仅供参考，需依烤箱不同微调数据。

18 出炉时重敲模具，把热气震出，脱膜完成。

★ 因是制作“山峰形吐司”，建议擀卷力道尽量一致，收折圈数也一致，如此面团烤焙后高度才会尽可能一致。

No.33

枸杞吐司

▼ **面团总重 2350g**

	材料名称	重量 / g	烘焙百分比
①	高筋面粉	1000	100
	海盐	20	2
	上白糖	80	8
	全脂奶粉	30	3
②	全蛋	50	5
	鲜奶	730	73
③	新鲜酵母	30	3
④	法国老面（见 58 页）	250	25
⑤	无盐黄油	80	8
⑥	枸杞（泡水滤干后再称）	80	8

▼ **产品数据**

搅拌作业	详阅内文
基本发酵	40 分钟（温度 30°C/ 湿度 85%）
分割滚圆	面团 225g×2（三能模具 SN2066，450g 吐司模，一模 2 颗）
中间发酵	45 分钟（温度 30°C/ 湿度 85%）
整形作业	详阅内文
最后发酵	40 分钟（温度 30°C/ 湿度 85%）
入炉烘烤	上火 180℃ / 下火 210℃，烤 21~28 分钟

★ 新鲜酵母与速发干酵母的使用换算比例为 3 ∶ 1。

★ 如果觉得分量太多，可以用百分比自行换算所需分量。家庭制作可将配方量统一除以 2，用 500g 面粉的比例制作。

★ 材料②湿性材料可以称在一起。

★ 预先将无盐黄油室温软化，软化至指腹轻压有指痕的程度即可。

制作步骤

搅拌作业

1 在搅拌缸分区加入材料①干性材料，倒入材料②湿性材料。

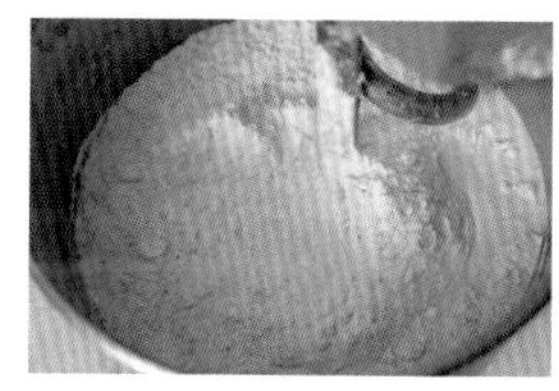

2 慢速搅拌 1 分钟，成团后加入材料③。

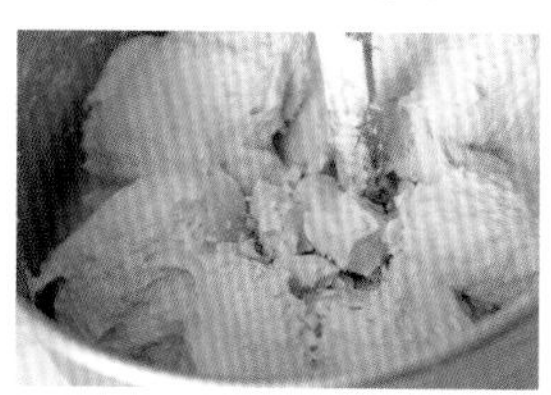

3 中速打 4~5 分钟，打到均匀，转快速，打至面团柔软有光泽，用手撑开出现厚膜、破口边缘呈锯齿状。

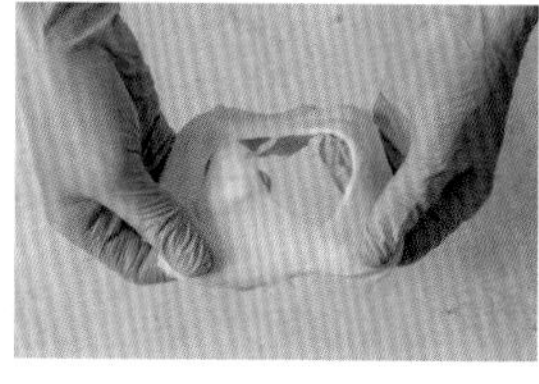

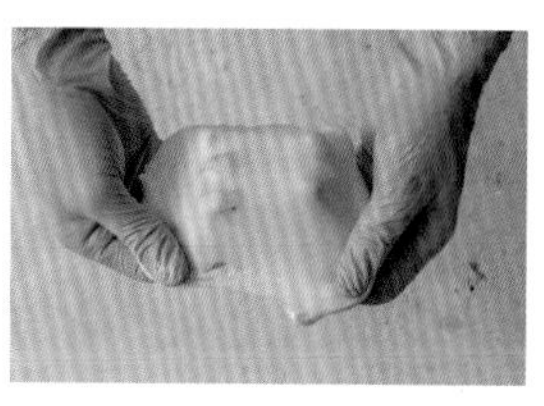

4 加入材料④（法国老面尽量在冰的状态下），中速打 2~3 分钟，打至法国老面与面团结合、呈光滑亮面。

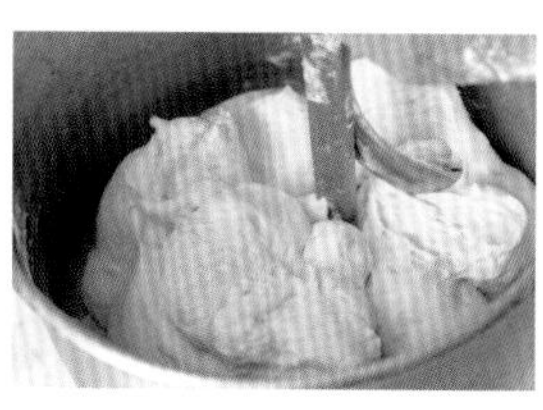

5 加入材料⑤，转慢速打至黄油吃进面团里，转中速打 2~3 分钟。

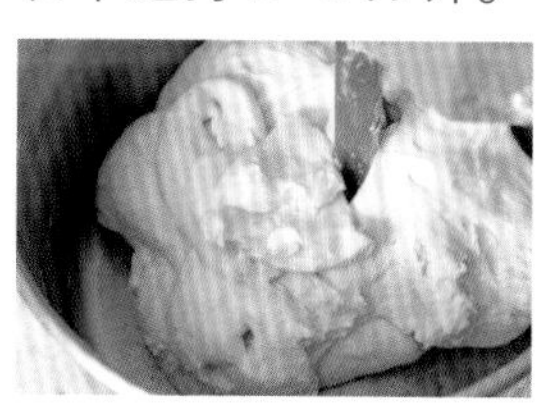

6 打至面团完全扩展，用手撑开出现薄膜、破口呈圆润状，下材料⑥拌匀即可，搅拌完成温度为 26°C。

基本发酵

7 在不粘烤盘上喷上烤盘油（或刷任意油脂），放上面团，取一端 1/3 面团朝中心折。

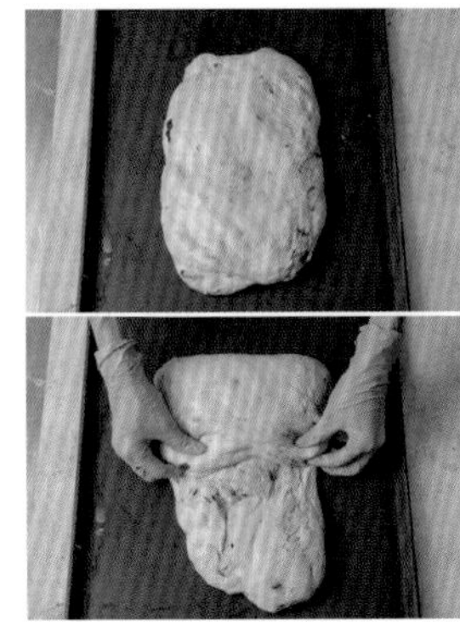

8 将另一端边缘压薄，再将已折叠部分向前翻折，将面团转向放置，参考【产品数据】送入发酵箱发酵。

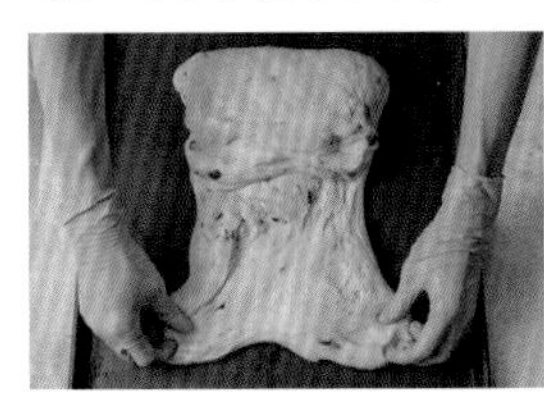

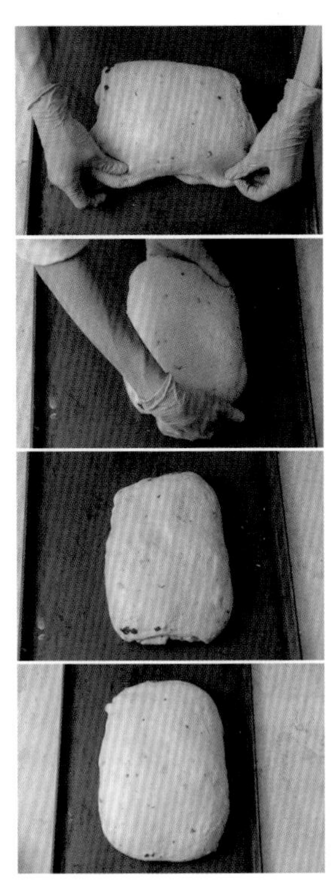

分割滚圆

9 参考【产品数据】分割面团，收圆，间距相等地排入不粘烤盘。

★ 面团需避免重复切割（会破坏面筋），建议以井字形分割。

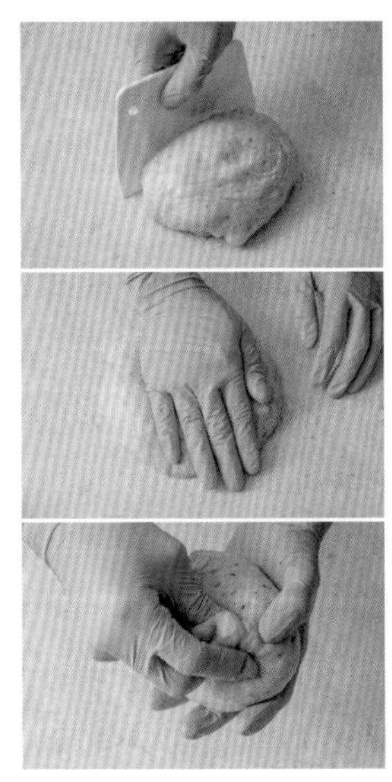

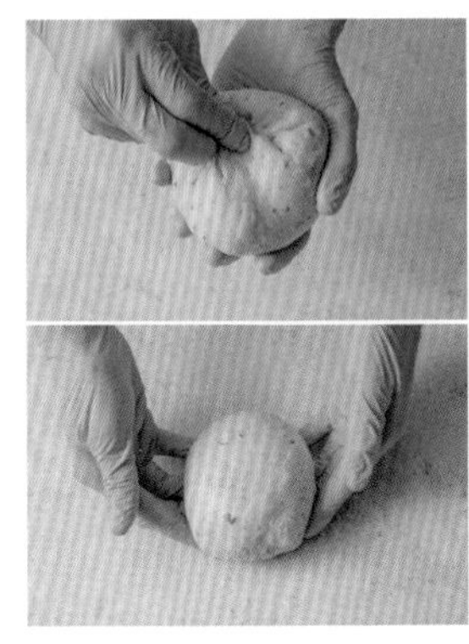

中间发酵

10 参考【产品数据】，将面团送入发酵箱发酵。

整形作业

11 将中发好的面团轻轻拍开，进行排气操作。

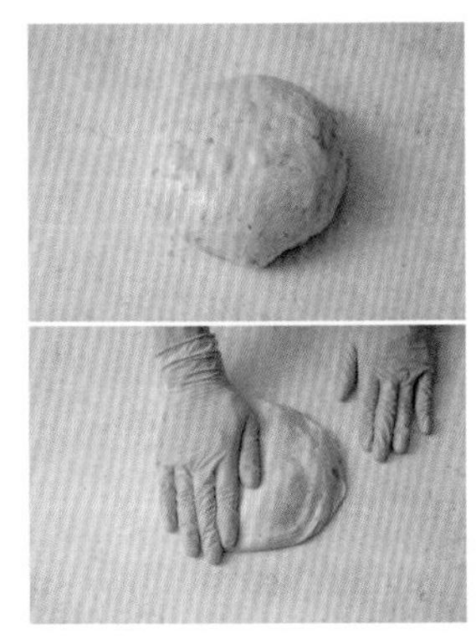

12 翻面，将面团尾端压薄，从上往下收折，盖上袋子静置松弛 10 分钟。

★ 盖上袋子避免静置时表面风干结皮。

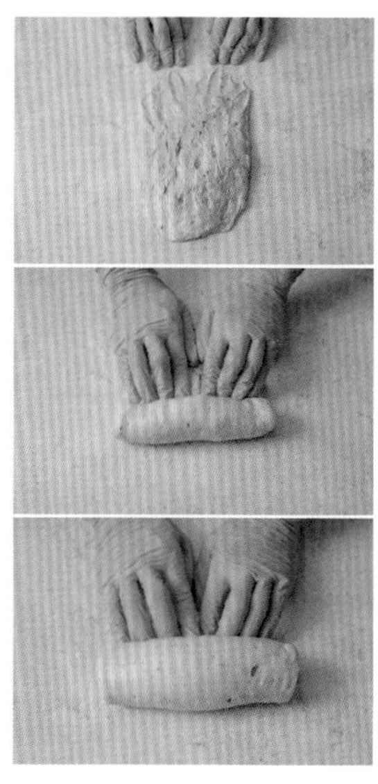

13 轻轻拍开排气。

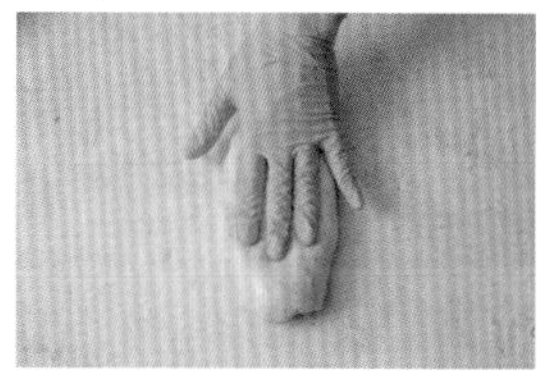

14 将面团用擀面棍擀开，翻面，尾端压薄，从上往下收折，面团收口朝下放入模具中，2 颗面团放在一个模具中。

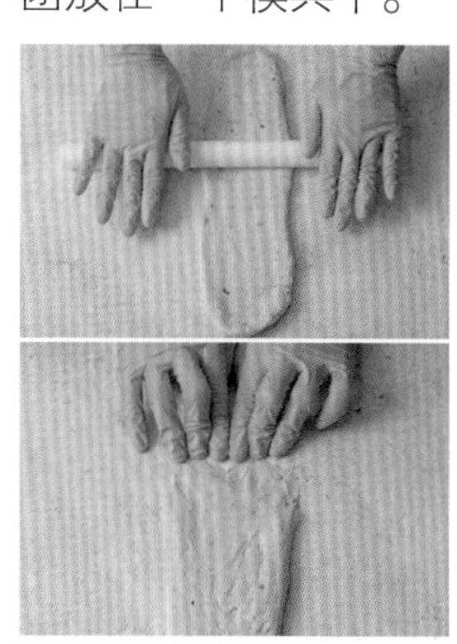

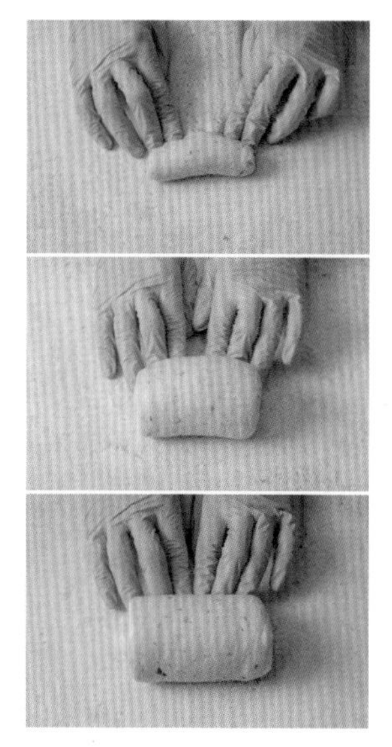

最后发酵

15 参考【产品数据】送入发酵箱发酵，发至模具的七分半满。

入炉烘烤

16 送入预热好的烤箱，参考【产品数据】烘烤。

★ 烘烤的温度、时间仅供参考，需依烤箱不同微调数据。

17 出炉时重敲模具，把热气震出，脱膜完成。

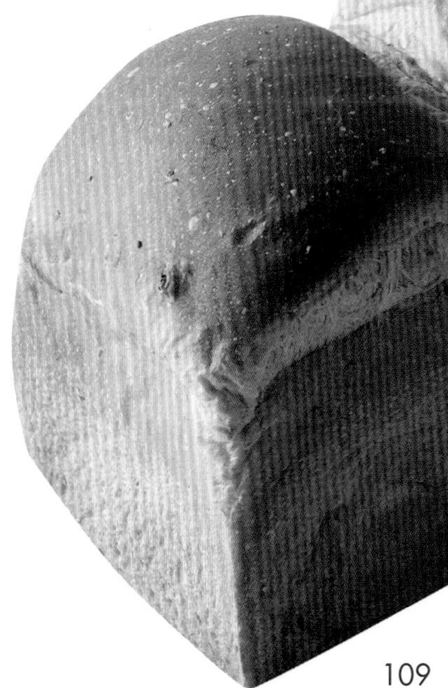

No.34

手撕吐司

▼ **面团总重 2245g**

	材料名称	重量 / g	烘焙百分比
①	高筋面粉	900	90
	低筋面粉	100	10
	上白糖	180	18
	海盐	20	2
②	全蛋	200	20
	水	400	40
	动物性淡奶油	80	8
③	新鲜酵母	35	3.5
④	汤种（见第58页）	150	15
⑤	无盐黄油	180	18

▼ **产品数据**

搅拌作业	详阅内文
基本发酵	30 分钟（温度 30°C/ 湿度 85%）
分割滚圆	面团 30g × 8（三能模具 SN2151*，一模 8 颗）
中间发酵	35~40 分钟（温度 30°C/ 湿度 85%）
整形作业	详阅内文
最后发酵	45~50 分钟（温度 30°C/ 湿度 85%）
装饰烤焙	刷全蛋液，上火 180℃ / 下火 200℃，烤 25~28 分钟

★ 新鲜酵母与速发干酵母的使用换算比例为 3 ∶ 1。

★ 如果觉得分量太多，可以用百分比自行换算所需分量。家庭制作可将配方量统一除以 2，用 500g 面粉的比例制作。

★ 材料②的湿性材料可以称在一起。

★ 预先将无盐黄油室温软化，软化至指腹轻压有指痕的程度即可。

编者注：* 此模具如买不到，可参考其参数替换，其容纳面团参数为 250g，长 181mm，宽 91mm，高 77mm。

制作步骤

搅拌作业

1 在搅拌缸分区加入材料①干性材料（倒入一半上白糖），倒入材料②湿性材料。

2 慢速搅拌 1 分钟，成团后加入材料③。

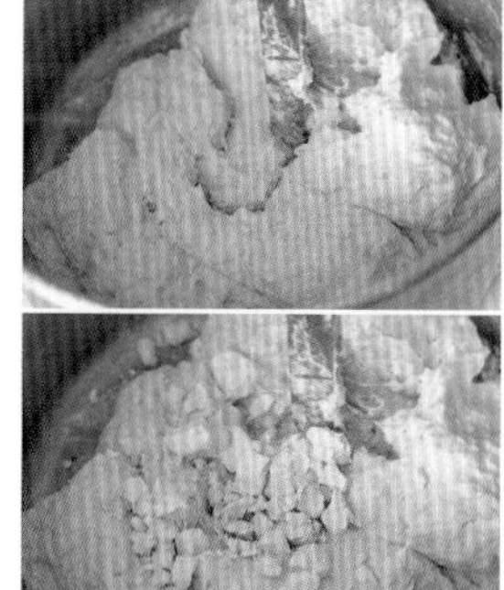

3 中速打 4~5 分钟，打到均匀，倒入剩余的白糖，转快速，打至面团柔软有光泽，用手撑开出现厚膜、破口边缘呈锯齿状。

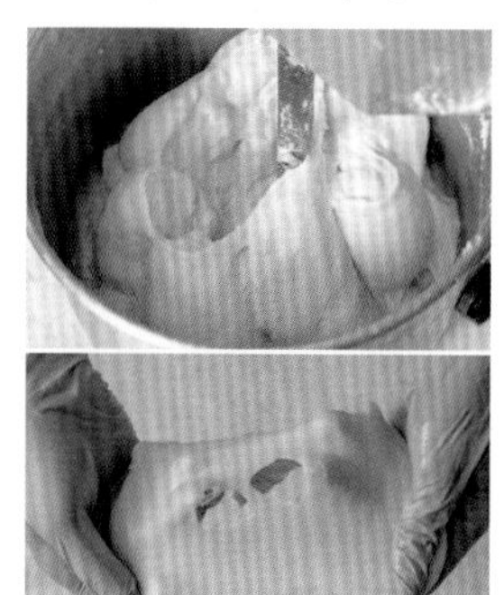

4 加入材料④，中速打2~3分钟，打至汤种与面团结合、呈光滑亮面。

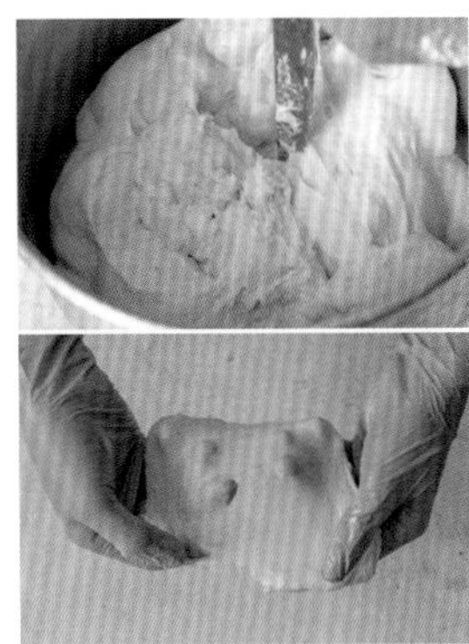

5 加入材料⑤，转慢速打至黄油吃进面团里，转中速打2~3分钟。

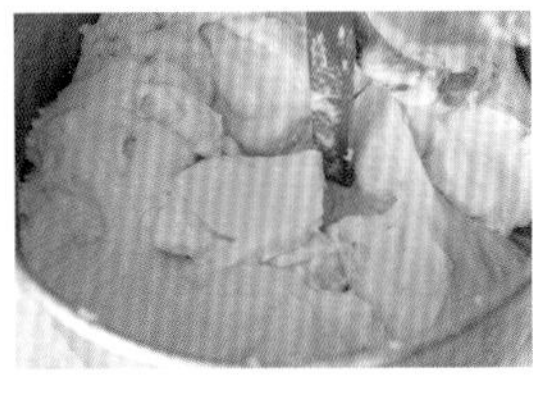

6 打至面团完全扩展，用手撑开出现薄膜、破口呈圆润状，搅拌完成温度为26°C。

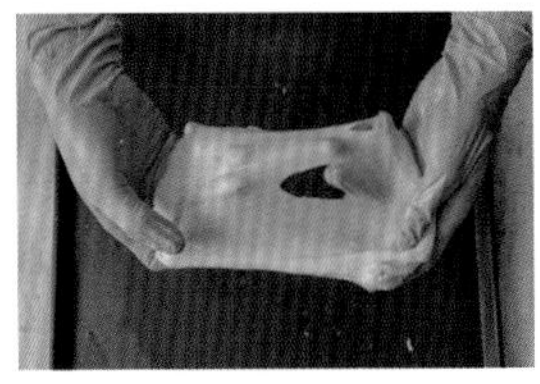

基本发酵

7 在不粘烤盘上喷上烤盘油（或刷任意油脂），放上面团，取一端1/3面团朝中心折。

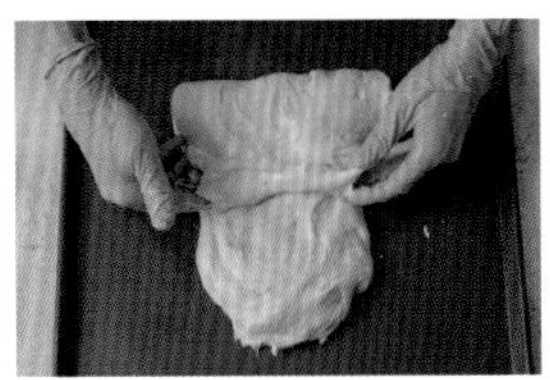

8 将另一端边缘压薄，再将已折叠部分向前翻折，将面团转向放置，参考【产品数据】送入发酵箱发酵。

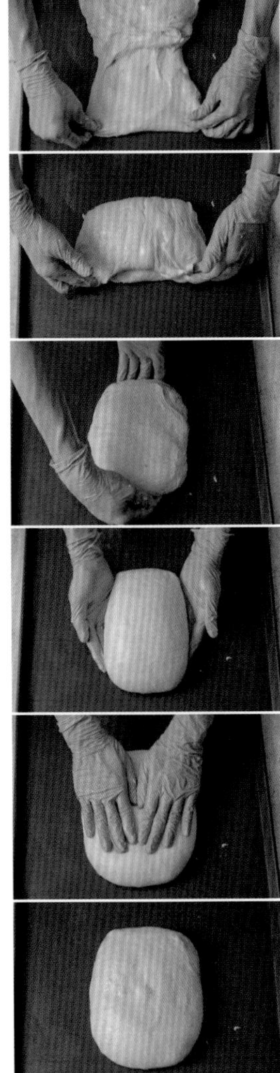

分割滚圆

9 参考【产品数据】分割面团，滚圆，间距相等地排入不粘烤盘。

★ 面团需避免重复切割（会破坏面筋），建议以井字形分割。

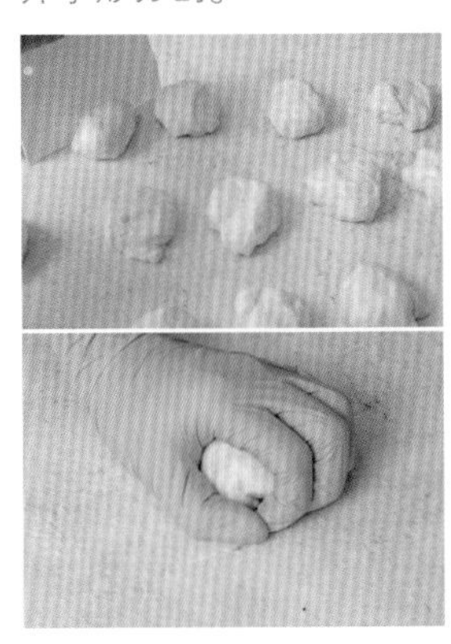

中间发酵

10 参考【产品数据】，将面团送入发酵箱发酵。

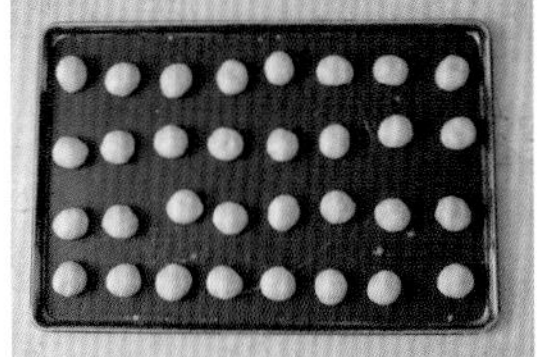

整形作业

11 将中发好的面团重新滚圆排气。

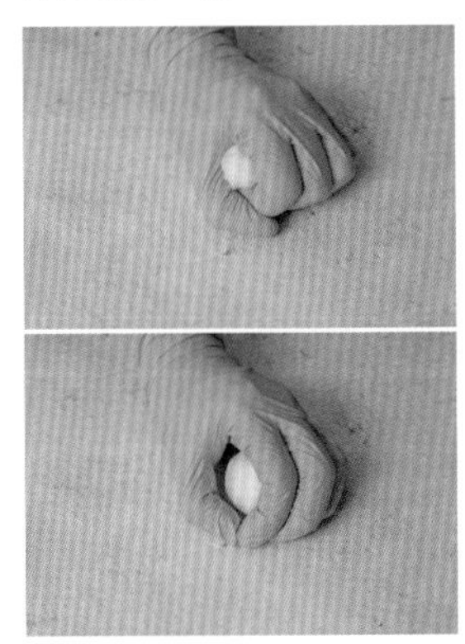

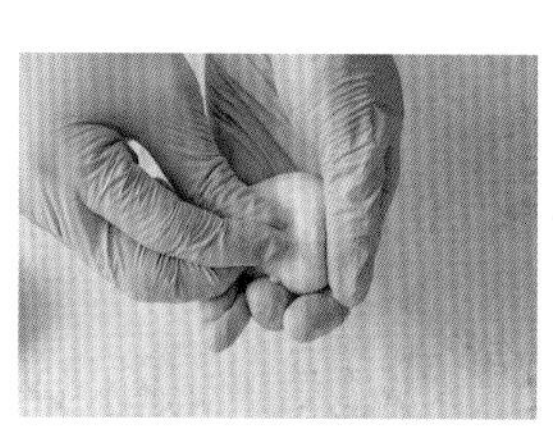

12 面团收口朝下放入模具中，8 颗面团放入一个模具中。

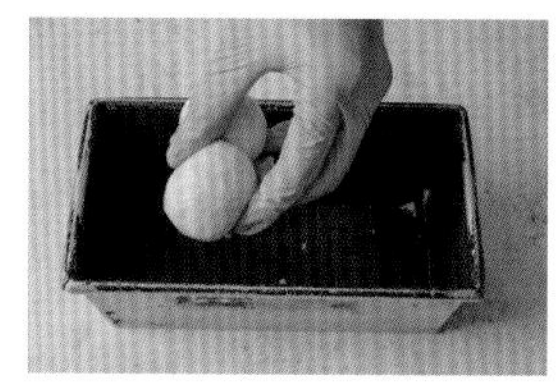

最后发酵

13 参考【产品数据】送入发酵箱发酵，发至模具的七分半满。

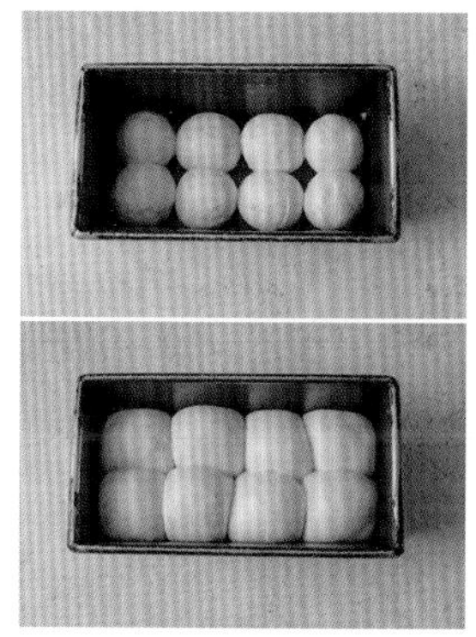

装饰烤焙

14 刷全蛋液，送入预热好的烤箱，参考【产品数据】烘烤。

★ 烘烤的温度、时间仅供参考，需依烤箱不同微调数据。

★ 全蛋液可刷可不刷。

15 出炉时重敲模具，把热气震出，脱膜完成。

WUMAI

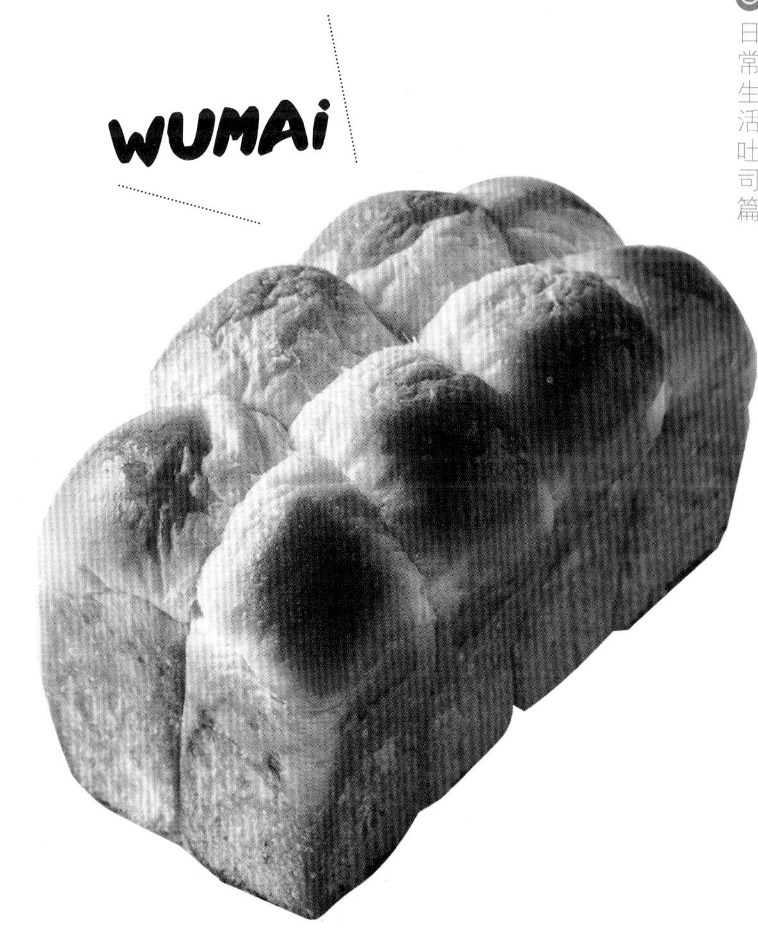

No.35

肉松黑鸡兄

▼ 产品数据

搅拌基发	甜面包基本配方：直接法（详见第 8~9 页） 配料：竹炭粉 25g
分割滚圆	面团 80g
中间发酵	30 分钟（温度 30°C/ 湿度 85%）
整形作业	详阅内文（涂全蛋液，捏住底部滚上黑炭酥菠萝）
最后发酵	40 分钟（温度 30°C/ 湿度 85%）
装饰烤焙	挤上奶酪白酱，上火 200℃ / 下火 180℃，烤 12 分钟。出炉后从中心对切（不切断），抹沙拉酱（适量），裹肉松，夹入芝士片、火腿片，将融化的苦甜巧克力粘在白巧克力片上做眼睛

▼ **黑炭酥菠萝**

低筋面粉	238g
无盐黄油	113g
细砂糖	125g
黑炭可可粉	6g

▼ **奶酪白酱**

奶油奶酪（软化）	125g
细砂糖	85g
无盐黄油（软化）	100g
全蛋	75g
玉米淀粉	35g
低筋面粉（过筛）	50g
朗姆酒	7.5g

制作步骤

黑炭酥菠萝

1 将过筛后的低筋面粉、室温软化的无盐黄油、细砂糖、过筛后的黑炭可可粉一同拌匀，过筛。

奶酪白酱

2 将奶油奶酪、细砂糖拌匀，加入无盐黄油拌匀，加入全蛋拌匀，加入粉类材料拌匀，加入朗姆酒拌匀。

搅拌基发

3 面团参考【产品数据】（竹炭粉与干性材料一起放入），完成搅拌、基本发酵、翻面的操作。

分割滚圆

4 参考【产品数据】分割面团，滚圆，间距相等地排入不粘烤盘中。

中间发酵

5 参考【产品数据】，将面团送入发酵箱发酵。

整形作业

6 将面团轻拍排气，以擀面棍擀开，翻面，再将面团尾端压薄，从上往下收折，表面涂上全蛋液，捏住底部滚上黑炭酥菠萝。

最后发酵

7 参考【产品数据】送入发酵箱发酵。

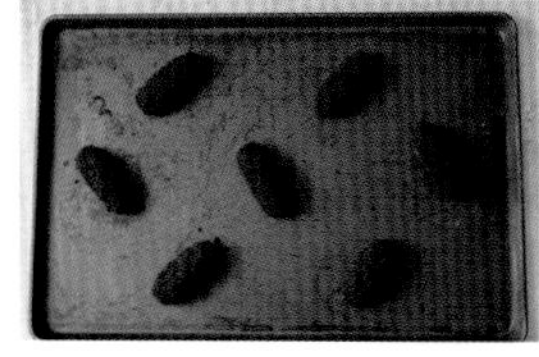

装饰烤焙

8 挤上奶酪白酱，送入预热好的烤箱，参考【产品数据】烘烤。

9 出炉时重敲烤盘，把面包热气震出，对切（不切断），抹上适量沙拉酱，裹上肉松，夹入芝士片、火腿片，将融化的苦甜巧克力粘在白巧克力片上做眼睛。

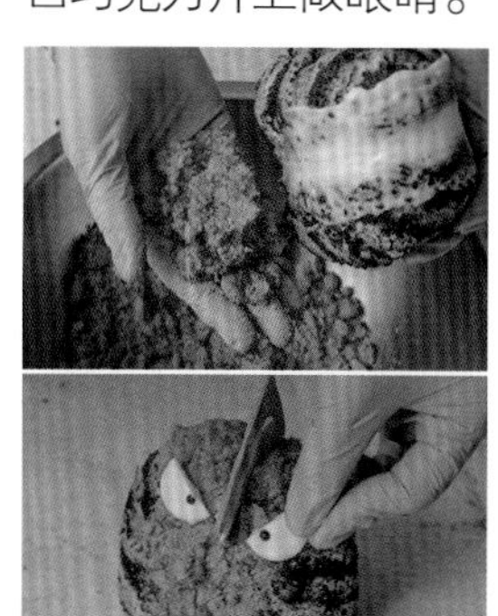

No.36

草莓恋人夹心

▼ 产品数据

搅拌基发	甜面包基本配方：直接法（详见第 8~9 页） 配料：草莓粉 40g
分割滚圆	面团 80g
中间发酵	30 分钟（温度 30°C/ 湿度 85%）
整形作业	详阅内文（涂全蛋液，捏住底部滚上草莓酥菠萝）
最后发酵	40 钟（温度 30°C/ 湿度 85%）
装饰烤焙	挤上奶酪白酱（见第 115 页），上火 200℃ / 下火 180℃，烤 12 分钟。出炉后从中心对切（不切断），抹适量草莓酱，裹椰子粉，放上洗净的新鲜草莓（抹果胶增加亮度），将融化的苦甜巧克力粘在白巧克力片上做眼睛

▼ **草莓酥菠萝**

草莓酱	50g
低筋面粉	238g
无盐黄油	100g
细砂糖	113g

制作步骤

草莓酥菠萝

1 将过筛后的低筋面粉、室温软化的无盐黄油、细砂糖、草莓酱一同拌匀，过筛。

搅拌基发

2 面团参考【产品数据】（草莓粉与干性材料一起放入），完成搅拌、基本发酵、翻面的操作。

分割滚圆

3 参考【产品数据】分割面团，滚圆，间距相等地排入不粘烤盘中。

中间发酵

4 参考【产品数据】，将面团送入发酵箱发酵。

整形作业

5 将面团轻拍排气，以擀面棍擀开，翻面，再将面团尾端压薄，从上往下收折，表面涂上全蛋液，捏住底部滚上草莓酥菠萝。

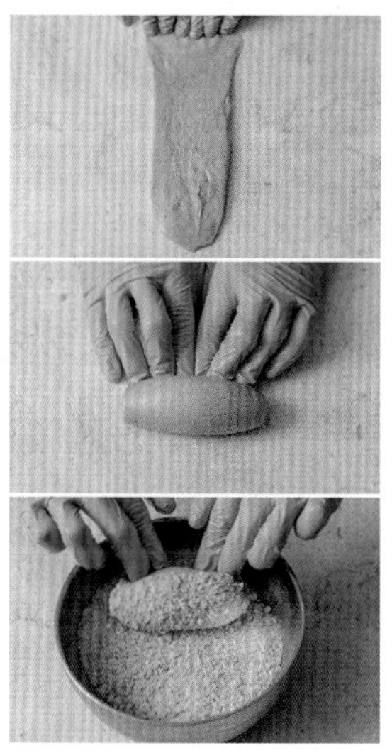

最后发酵

6 参考【产品数据】送入发酵箱发酵。

装饰烤焙

7 挤上奶酪白酱，送入预热好的烤箱，参考【产品数据】烘烤。

8 出炉时重敲烤盘，把面包热气震出，对切（不切断），抹上适量草莓酱，裹上椰子粉，放上洗净的新鲜草莓（抹果胶增加亮度），将融化的苦甜巧克力粘在白巧克力片上做眼睛。

No.37

朋克虫虫蔬菜风

▼ 产品数据

搅拌基发	甜面包基本配方：直接法（详见第 8~9 页） 配料：抹茶粉 25g
分割滚圆	面团 70g
中间发酵	30 分钟（温度 30°C/ 湿度 85%）
整形作业	详阅内文（涂全蛋液，捏住底部滚上抹茶酥菠萝）
最后发酵	40 分钟（温度 30°C/ 湿度 85%）
装饰烤焙	挤上奶酪白酱（见第 115 页），上火 210℃ / 下火 190℃，烤 12 分钟。出炉后从中心对切（不切断），抹上适量沙拉酱，夹入生菜、火腿片、芝士片，将融化的苦甜巧克力粘在白巧克力片上做眼睛

▼ 抹茶酥菠萝

抹茶粉	6g
低筋面粉	238g
无盐黄油	113g
细砂糖	113g

制作步骤

抹茶酥菠萝

1 将过筛后的抹茶粉、过筛后的低筋面粉、室温软化的无盐黄油、细砂糖一同拌匀，过筛。

搅拌基发

2 面团参考【产品数据】（抹茶粉与干性材料一起放入），完成搅拌、基本发酵、翻面的操作。

分割滚圆

3 参考【产品数据】分割面团，滚圆，间距相等地排入不粘烤盘中。

中间发酵

4 参考【产品数据】，将面团送入发酵箱发酵。

整形作业

5 将面团轻拍排气，以擀面棍擀开，翻面，再将面团尾端压薄，从上往下收折，表面涂上全蛋液，捏住底部滚上抹茶酥菠萝。

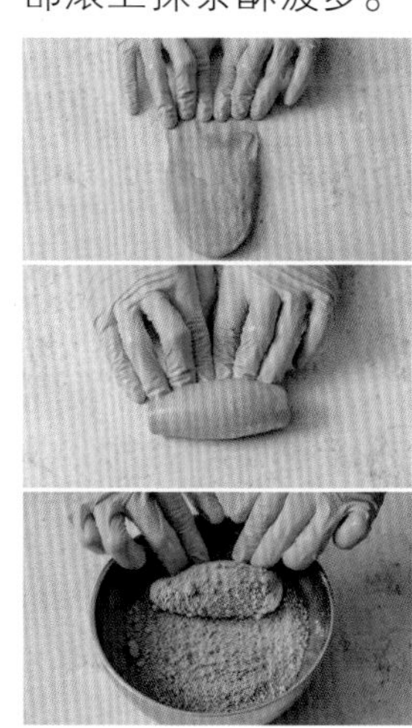

最后发酵

6 参考【产品数据】送入发酵箱发酵。

装饰烤焙

7 挤上奶酪白酱，送入预热好的烤箱，参考【产品数据】烘烤。

8 出炉时重敲烤盘，把面包热气震出，从中心对切（不切断），抹上适量沙拉酱，夹入生菜、火腿片、芝士片，将融化的苦甜巧克力粘在白巧克力片上做眼睛。

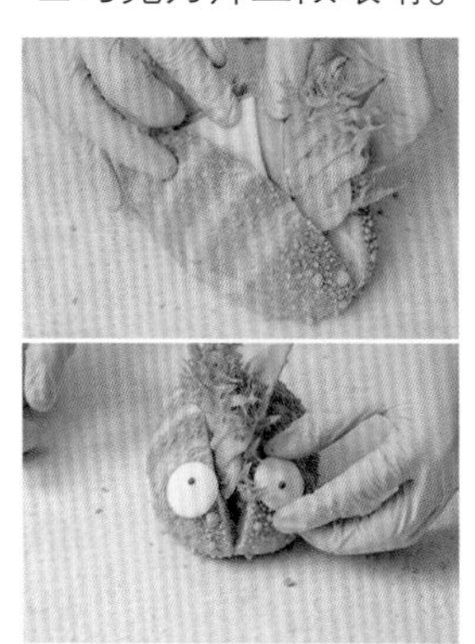

No.38

小煤球

▼ **产品数据**

搅拌基发	甜面包基本配方：直接法（详见第 8~9 页） 配料：竹炭粉 25g
分割滚圆	面团 60g
中间发酵	30 分钟（温度 30°C/ 湿度 85%）
整形作业	详阅内文（包入 20g 水滴巧克力，表面涂全蛋液，捏住底部滚上生杏仁碎）
最后发酵	40 分钟（温度 30°C/ 湿度 85%）
入炉烘烤	上火 210℃ / 下火 180℃，烤 12 分钟。裹上隔水加热熔化的巧克力，静置待巧克力凝固，将融化的苦甜巧克力粘在白巧克力片上做眼睛

制作步骤

搅拌基发

1　面团参考【产品数据】（竹炭粉与干性材料一起放入），完成搅拌、基本发酵、翻面的操作。

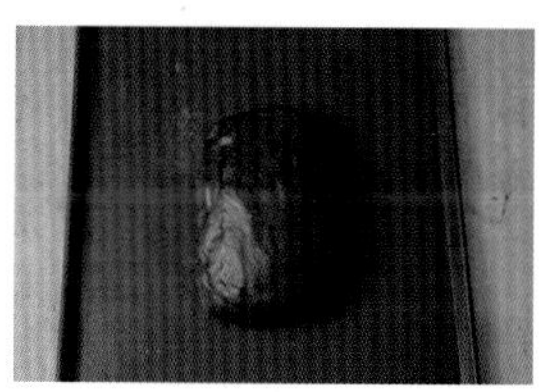

分割滚圆

2　参考【产品数据】分割面团，滚圆，间距相等地排入不粘烤盘中。

中间发酵

3　参考【产品数据】，将面团送入发酵箱发酵。

整形作业

4　轻轻拍开面团，包入 20g 水滴巧克力，收口，捏紧收口处。

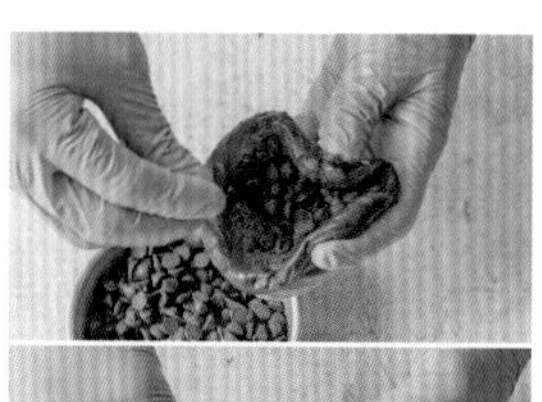

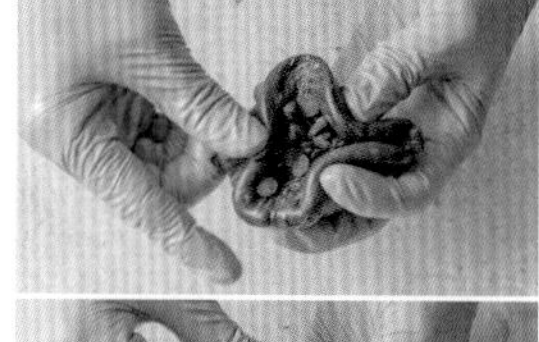

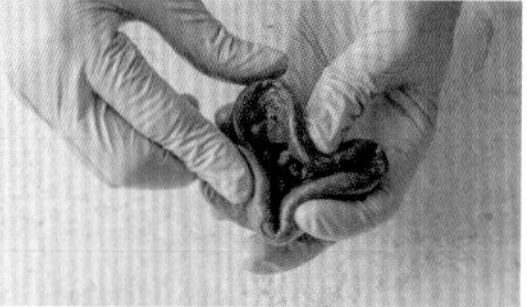

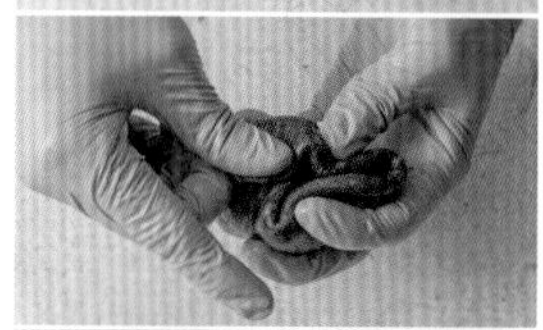

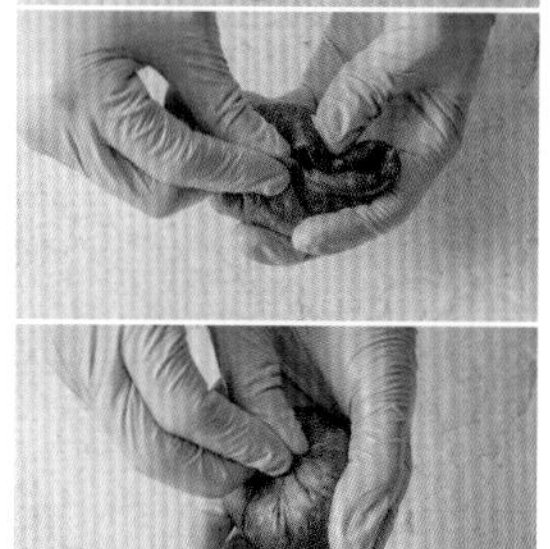

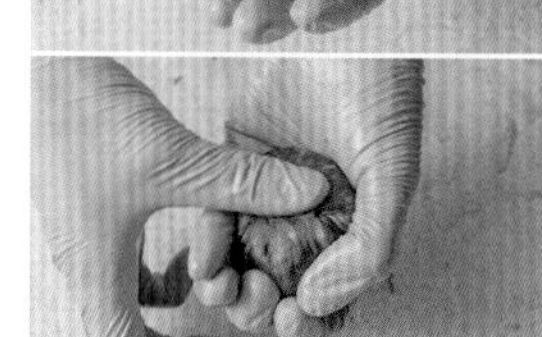

5　将面团间距相等地排入不粘烤盘，表面涂上全蛋液，捏住底部滚上生杏仁碎。

最后发酵

6　参考【产品数据】送入发酵箱发酵。

入炉烘烤

7　送入预热好的烤箱，参考【产品数据】烘烤。

8　出炉时重敲烤盘，把面包热气震出，裹上隔水加热熔化的巧克力，静置待巧克力凝固，将融化的苦甜巧克力粘在白巧克力片上做眼睛。

No.39

紫心美浓*菠萝

编者注：* 美浓为 melon 的音译，美浓面包因外表的自然龟裂与哈密瓜相似所以称为美浓面包。

▼ 紫薯美浓皮

细砂糖	190g	做法： 1. 低筋面粉预先过筛。 2. 在钢盆中加入所有材料，一同拌匀。 3. 不使用时用保鲜膜妥善包起，冷藏备用。 ★ 避免出油。
水	45g	
无盐黄油	45g	
全蛋	60g	
低筋面粉	225g	
紫薯粉	40g	

▼ 面团总重 2315g

	材料名称	重量 / g	烘焙百分比
①	高筋面粉 法国粉 细砂糖 盐	700 300 150 15	70 30 15 1.5
②	全蛋 鲜奶 动物性淡奶油 蛋黄	200 300 60 120	20 30 6 1.2
③	新鲜酵母	40	4
④	法国老面（见第 58 页）	100	10
⑤	无盐黄油	330	33

▼ 产品数据

搅拌作业	详阅内文
基本发酵	40 分钟（温度 30°C/ 湿度 85%）
分割滚圆	面团 40g
中间发酵	45 分钟（温度 30°C/ 湿度 85%）
整形包馅	详阅内文（面团包入紫薯馅 30g，刷全蛋液，用 15g 美浓皮包覆后整形，喷水、裹上细砂糖。模具内用转印纸杏仁装饰片围边，再放入面团）
最后发酵	40 分钟（温度 26°C/ 无湿度）
入炉烘烤	上火 190℃ / 下火 170℃，烤 12 分钟。出炉脱模，以造型纸板遮挡筛上防潮糖粉、覆盆子粉，刷果胶、撒开心果碎，插上转印纸杏仁装饰片

制作步骤

搅拌作业

1 在搅拌缸分区加入材料①干性材料，倒入材料②湿性材料。

2 慢速搅拌 1 分钟，成团后加入材料③。

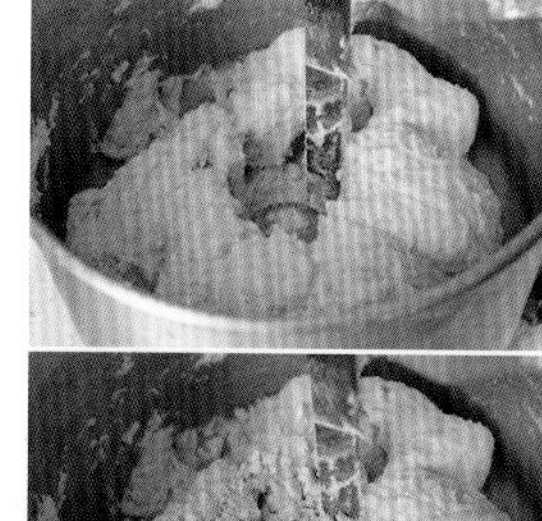

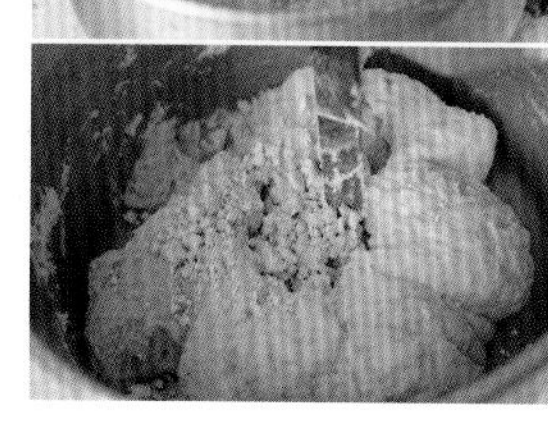

3 中速打 4~5 分钟，打到均匀，转快速，打至面团柔软有光泽，用手撑开出现厚膜、破口边缘呈锯齿状。

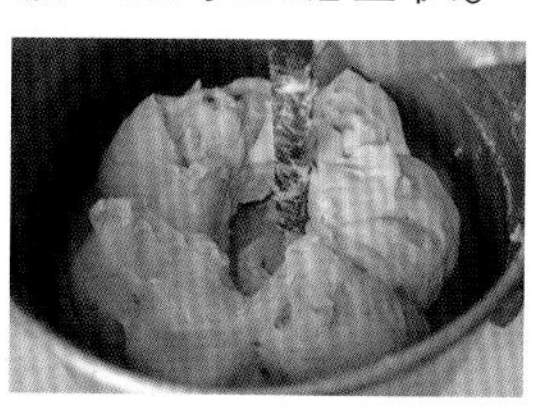

4 加入材料④（法国老面尽量在冰的状态下），中速打 2~3 分钟，打至法国老面与面团结合、呈光滑亮面。

5 加入材料⑤，转慢速打至黄油吃进面团里，转中速打2~3分钟。

6 打至面团完全扩展，用手撑开出现薄膜、破口呈圆润状，搅拌完成温度为26℃。

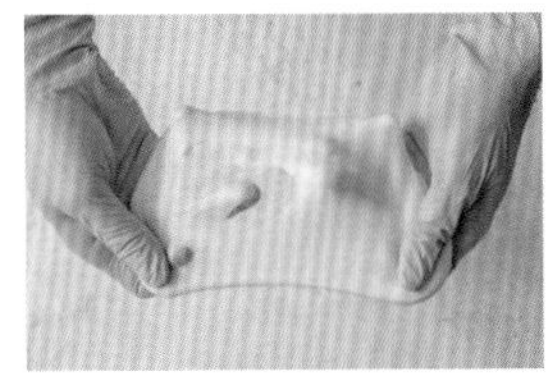

基本发酵

7 在不粘烤盘上喷上烤盘油（或刷任意油脂），放上面团，取一端1/3面团朝中心折。

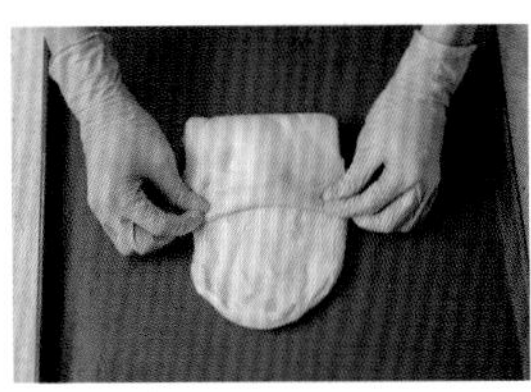

8 将已折叠部分向前翻折，将面团转向放置，参考【产品数据】送入发酵箱发酵。

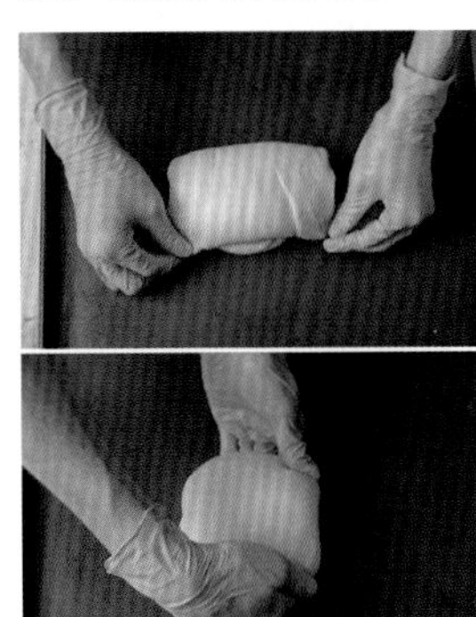

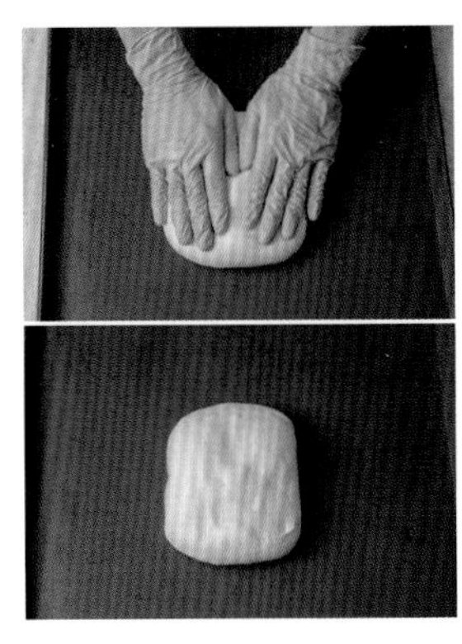

分割滚圆

9 参考【产品数据】分割面团，收圆，间距相等地排入不粘烤盘。

★ 面团需避免重复切割（会破坏面筋），建议以井字形分割。

中间发酵

10 参考【产品数据】，将面团送入发酵箱发酵。

整形包馅

11 将中发好的面团轻轻拍开排气，再以擀面棍擀开。

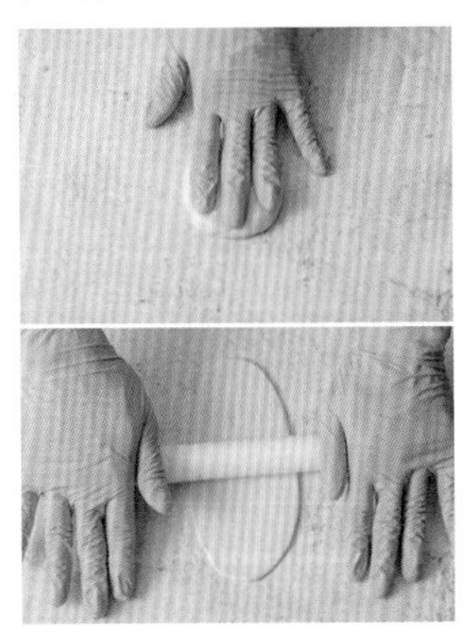

12 翻面，将面团底部压薄，铺上紫薯馅30g。

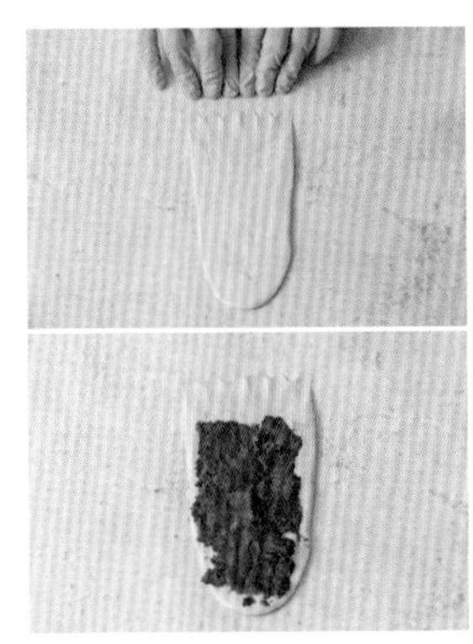

13 从上往下收折，收口处捏紧。

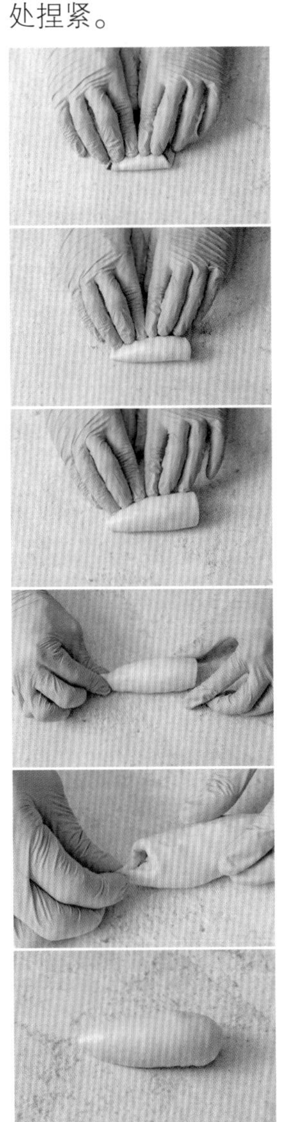

14 将美浓皮分割为每份15g，搓圆。在桌面上撒适量手粉（高筋面粉），将美浓皮沾上手粉，擀开。

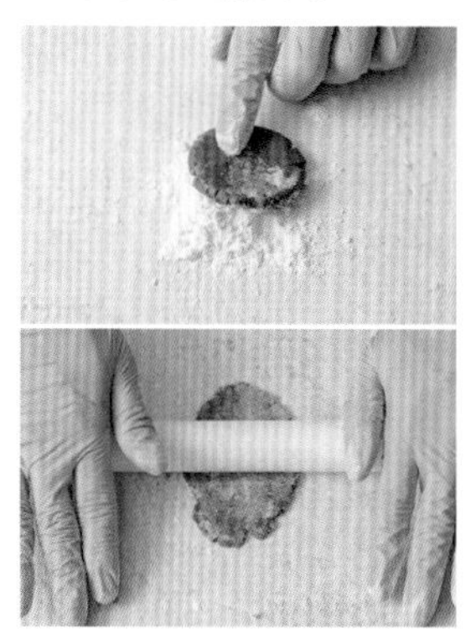

15 面团刷全蛋液，美浓皮用切面刀铲起，包覆在面团上。

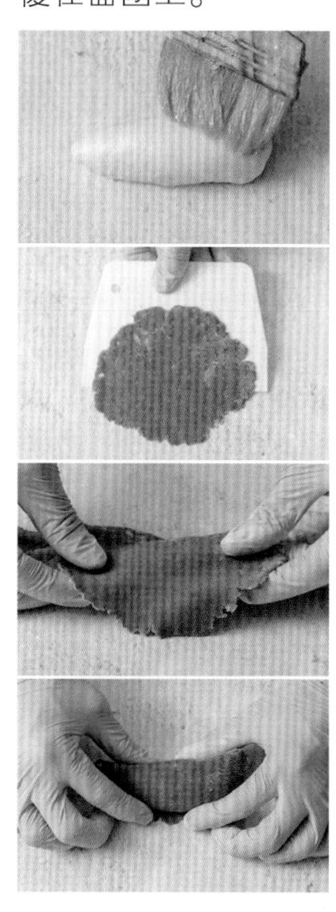

16 喷水，裹上细砂糖。在模具内铺上一圈转印纸杏仁装饰片，放入面团。

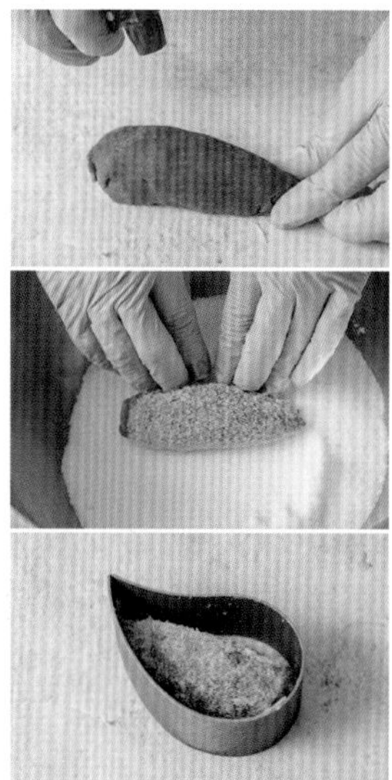

最后发酵

17 参考【产品数据】送入发酵箱发酵，发至模具的七分半满。

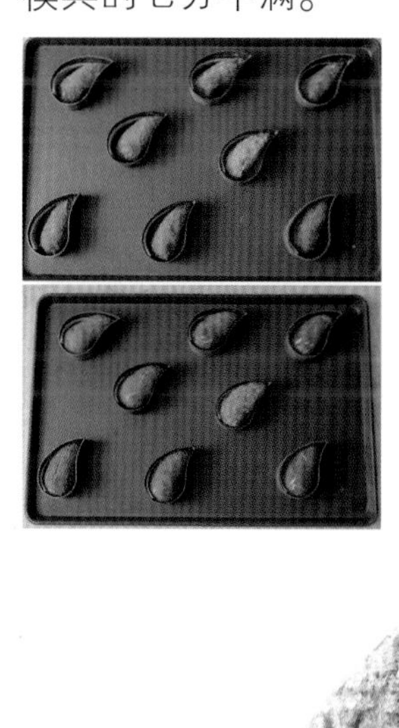

入炉烘烤

18 送入预热好的烤箱，参考【产品数据】烘烤。

★ 烘烤的温度、时间仅供参考，需依烤箱不同微调数据。

19 出炉脱模，以造型纸板遮挡筛上防潮糖粉、覆盆子粉，刷上果胶、撒上开心果碎，插上转印纸杏仁装饰片。

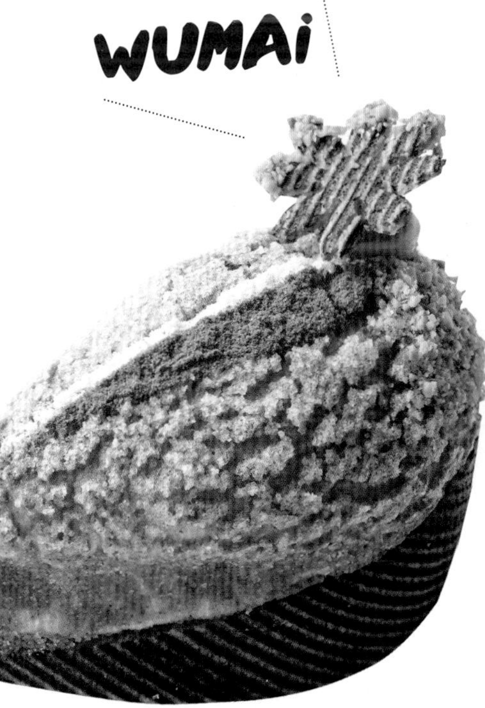

No.40

桃花红豆

▼ **巧克力酥菠萝**

无盐黄油	200g	做法： 1. 无盐黄油预先室温软化。 2. 分别加入过筛后的糖粉、奶粉、低筋面粉、可可粉。 3. 将所有材料一同拌匀，过筛备用。
糖粉	140g	
奶粉	105g	
低筋面粉	260g	
可可粉	55g	

▼ **产品数据**

搅拌基发	详见第 123~124 页紫心美浓菠萝面团制作步骤
分割滚圆	面团 40g
中间发酵	45 分钟（温度 30°C/ 湿度 85%）；中发期间，在模具中倒入 20g 巧克力酥菠萝，用毛刷刷均匀
整形作业	详阅内文（面团包入红豆馅 30g，放入模具中）
最后发酵	40 分钟（温度 30°C/ 湿度 85%）
入炉烘烤	表面盖一张烤焙纸、一个烤盘，上火 210℃ / 下火 180℃，烤 14 分钟。出炉脱模，以造型纸板遮挡筛上防潮糖粉，边缘筛上覆盆子粉，中心撒上开心果碎

制作步骤

搅拌基发

1 面团参考【产品数据】完成搅拌、基本发酵的操作。

分割滚圆

2 参考【产品数据】分割面团，滚圆，间距相等地排入不粘烤盘。

★ 面团需避免重复切割（会破坏面筋），建议以井字形分割。

中间发酵

3 参考【产品数据】，将面团送入发酵箱发酵。

4 中间发酵期间，在模具中放入巧克力酥菠萝，用毛刷把酥菠萝刷均匀（不需压实）。

整形作业

5 将中发好的面团轻轻拍开，进行排气操作。

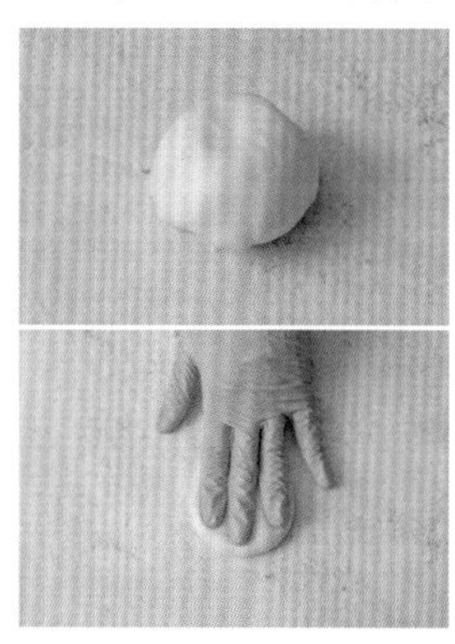

6 将面团以擀面棍擀开，翻面，底部压薄。

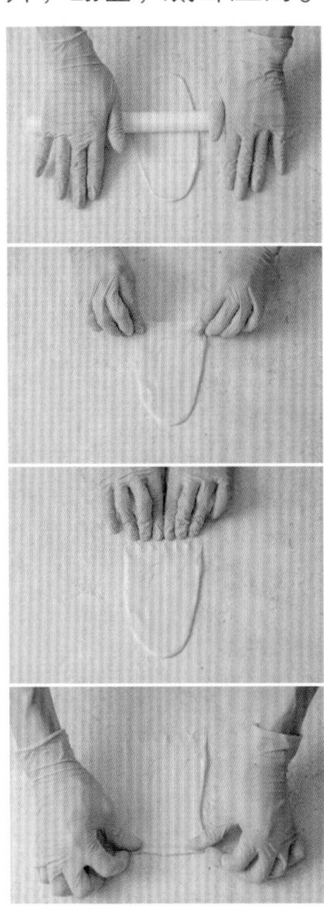

7 抹入红豆馅 30g，从上往下收折。

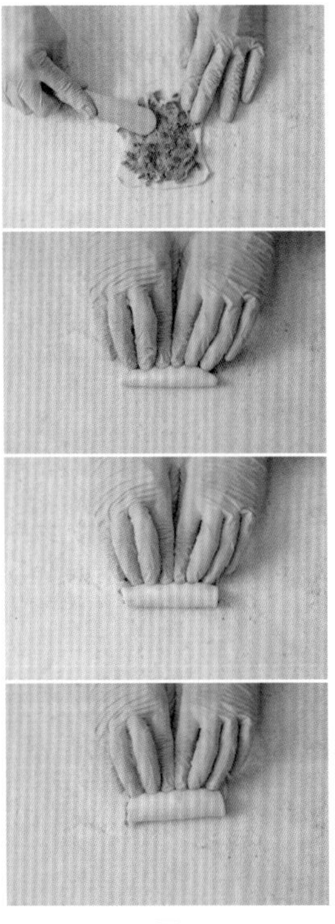

8 将面团用面包锯齿刀切开，切成三份。

9 放入模具中。

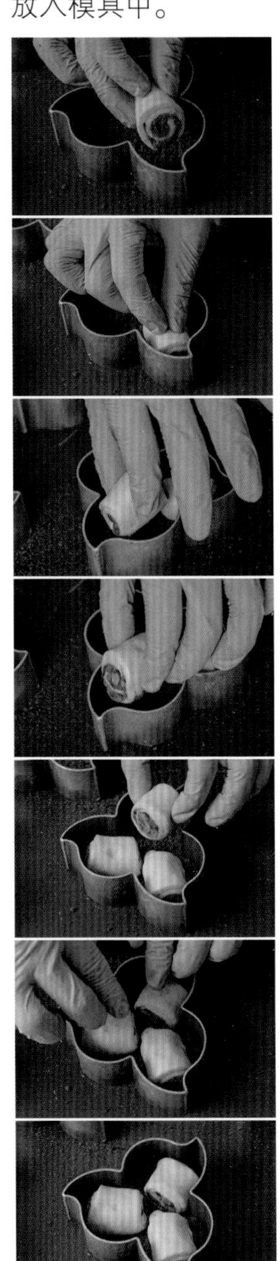

最后发酵

10 参考【产品数据】送入发酵箱发酵，发至模具的七分半满。

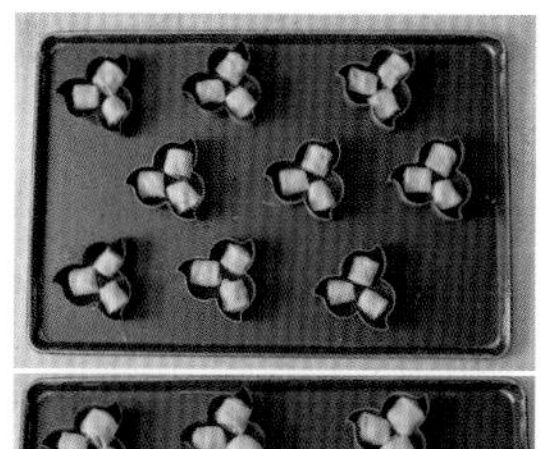

入炉烘烤

11 在表面盖一张烤焙纸、一个烤盘，送入预热好的烤箱，参考【产品数据】烘烤。

★ 烘烤的温度、时间仅供参考，需依烤箱不同微调数据。

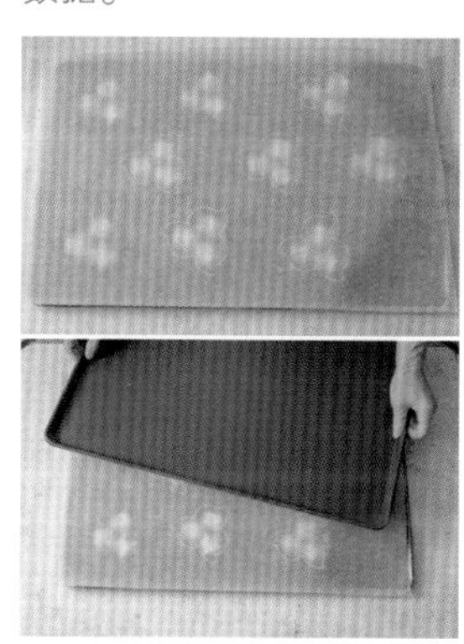

12 出炉脱模，以造型纸板遮挡筛上防潮糖粉，边缘筛上覆盆子粉，中心撒上开心果碎。

WUMAi

No.41

大地色彩

▼ 产品数据

搅拌基发	详见第 123~124 页紫心美浓菠萝面团制作步骤
分割滚圆	面团 50g
中间发酵	45 分钟（温度 30°C/ 湿度 85%）
制美浓皮	需要面团 50g×5 个；美浓皮分割为每份 50g，搓圆（姜黄美浓皮 3 个，紫薯美浓皮 2 个，抹茶美浓皮 2 个）
整形作业	详阅内文（面团包入瓜瓜馅 25g，刷全蛋液，裹彩色美浓皮，喷水，沾细砂糖。将装饰杏仁片贴壁铺入模具中，再放入整形好的面团）
最后发酵	35 分钟（温度 26°C/ 无湿度）
入炉烘烤	上火 170℃ / 下火 190℃，烤 12 分钟。出炉脱模，插上转印纸杏仁装饰片

▼ 瓜瓜馅

南瓜馅	200g
地瓜馅	200g

▼ 姜黄美浓皮

细砂糖	180g
水	45g
无盐黄油	45g
全蛋	60g
低筋面粉（过筛）	275g
姜黄粉（过筛）	10g

▼ 紫薯美浓皮

细砂糖	180g
水	45g
无盐黄油	45g
全蛋	60g
低筋面粉（过筛）	255g
紫薯粉（过筛）	40g

▼ 抹茶美浓皮

细砂糖	180g
水	45g
无盐黄油	45g
全蛋	60g
低筋面粉（过筛）	275g
抹茶粉（过筛）	15g

制作步骤

姜黄美浓皮

1 将所有材料一同拌匀，用保鲜膜封起，冷藏备用。

紫薯美浓皮

2 将所有材料一同拌匀，用保鲜膜封起，冷藏备用。

抹茶美浓皮

3 将所有材料一同拌匀，用保鲜膜封起，冷藏备用。

搅拌基发

4 面团参考【产品数据】完成搅拌、基本发酵的操作。

分割滚圆

5 参考【产品数据】分割面团，滚圆，间距相等地排入不粘烤盘。

★ 面团需避免重复切割（会破坏面筋），建议以井字形分割。

中间发酵

6 参考【产品数据】，将面团送入发酵箱发酵。

7 将中发好的面团送入冷冻室，延缓发酵。

制美浓皮

8 取5颗中发好的面团轻轻拍开，进行排气操作。

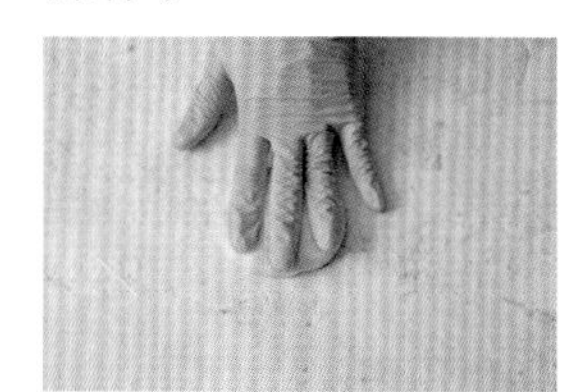

9 将面团以擀面棍擀开，拉出四边，间距相等地排入不粘烤盘，用袋子妥善包覆，冷冻备用。

★ 冷冻备用是因为美浓皮也要处理，为了避免处理期间面团过度发酵，所以暂时送入冷冻。

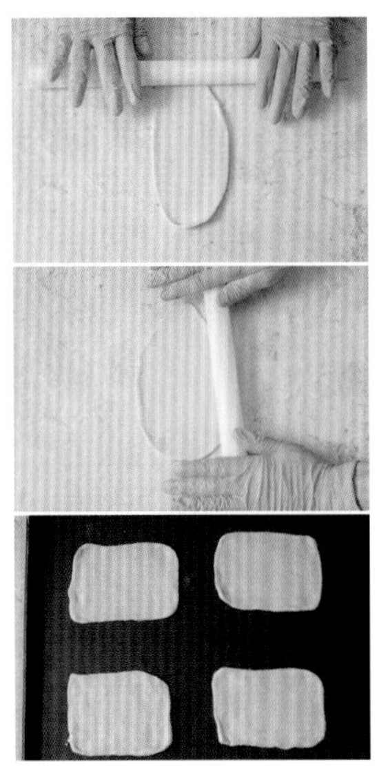

10 接下来将示范组合美浓皮的方法，参考【产品数据】备妥材料。

11 将三色美浓皮分别沾上手粉（高筋面粉），擀成与白色面团大小相等的长方片，用切面刀切去多余部分。

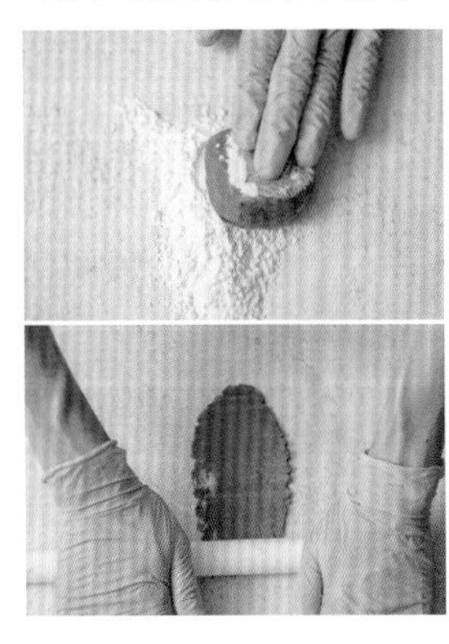

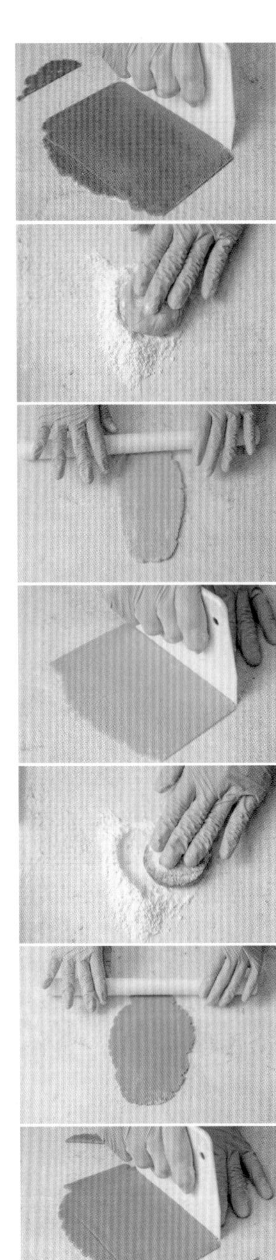

12 在紫薯美浓皮上喷水，叠上姜黄美浓皮。

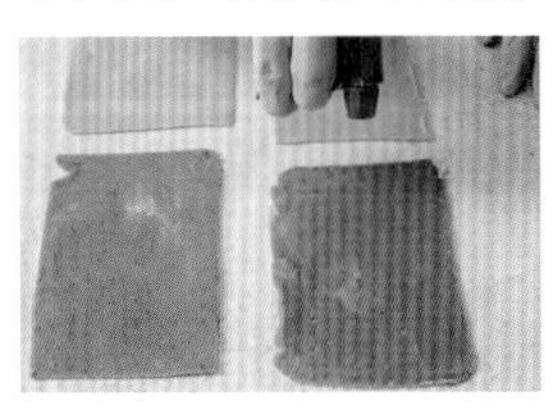

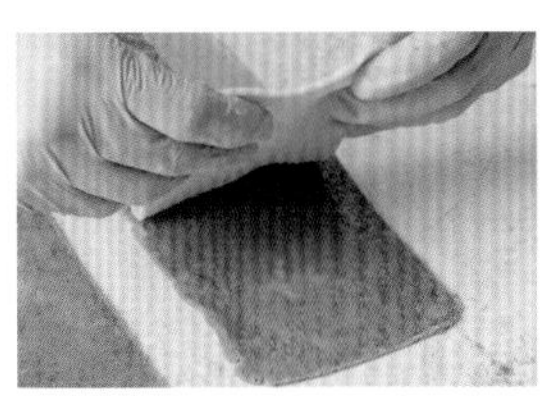

13 叠上一份白色面团，喷水，叠上姜黄美浓皮。

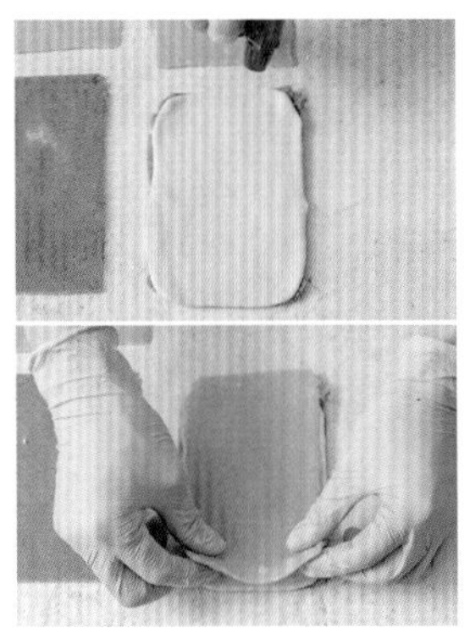

14 叠上一份白色面团，喷水，叠上抹茶美浓皮。

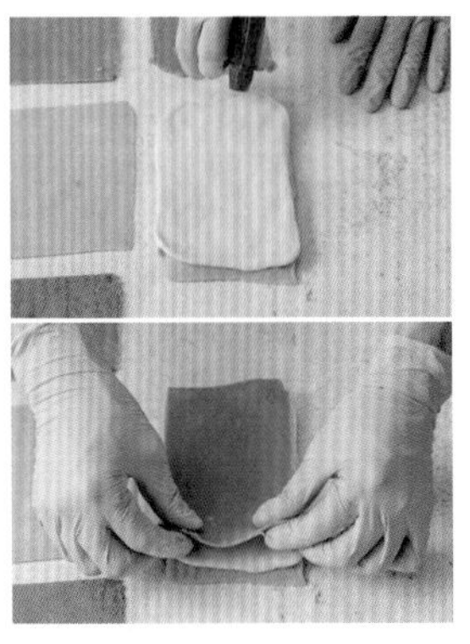

15 喷水，叠上一份白色面团，喷水，叠上紫薯美浓皮。

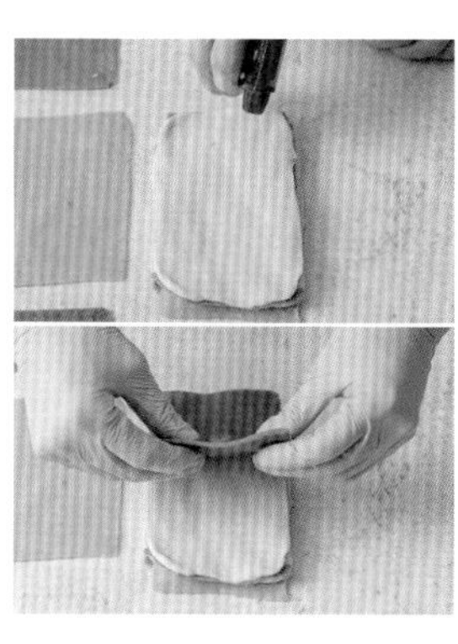

16 喷水，叠上一份白色面团，喷水，叠上姜黄美浓皮。

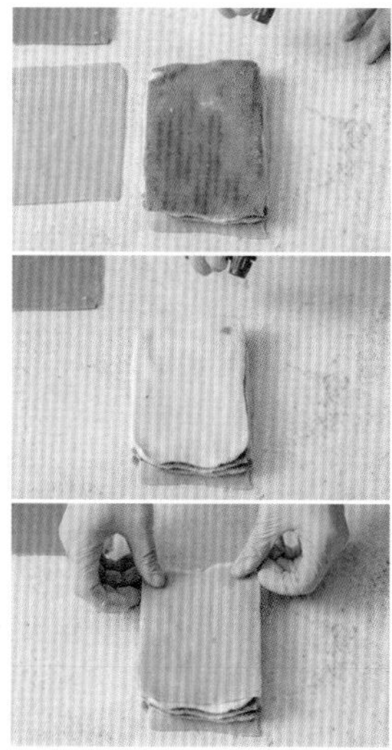

17 喷水，叠上一份白色面团，喷水，叠上抹茶美浓皮。

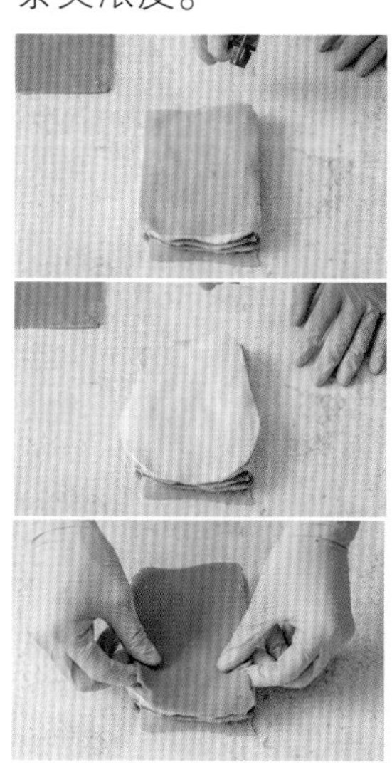

18 修整四边后从长边的中间切开，分别在表面喷水后叠起，再修整四边。

19 将叠好的美浓皮面团用袋子妥善包覆，冷冻1小时，冷冻至材料变硬、变得好切后取出，用锯齿刀以0.2cm为间隔切片，在每片上撒上手粉（高筋面粉）防沾黏，放入袋子冷冻备用（使用时再取出）。

★ 面团太软会不好切，或者切了之后层次分离，所以建议切之前先冷冻。

整形作业

20 将瓜瓜馅材料一同拌匀。

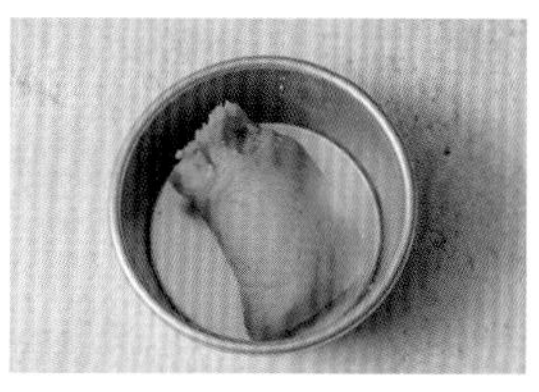

21 将中发好的面团轻轻拍开排气，以擀面棍擀开。

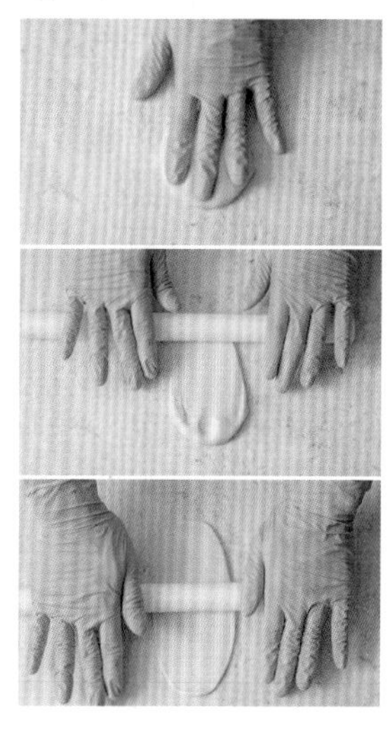

22 翻面，将面团底部压薄，抹上25g瓜瓜馅。

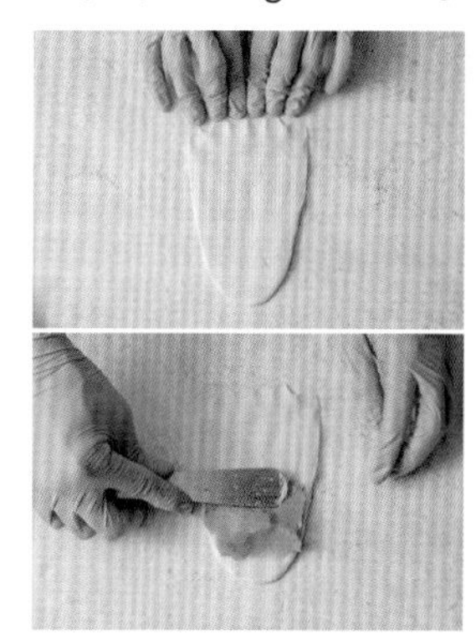

23 将面团从上往下收折，收折成橄榄形。

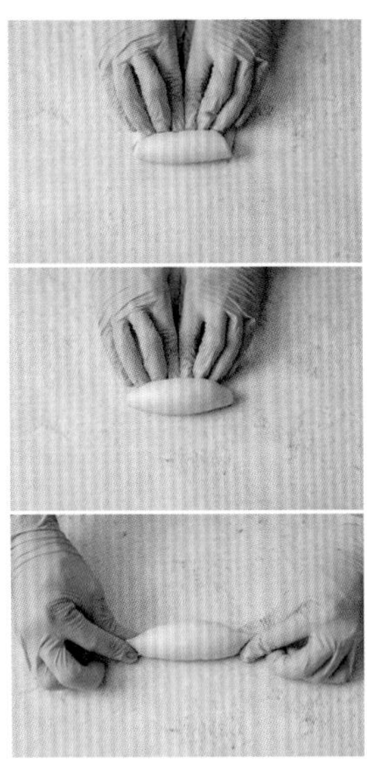

24 取一份美浓皮沾上适量手粉（高筋面粉），擀开。

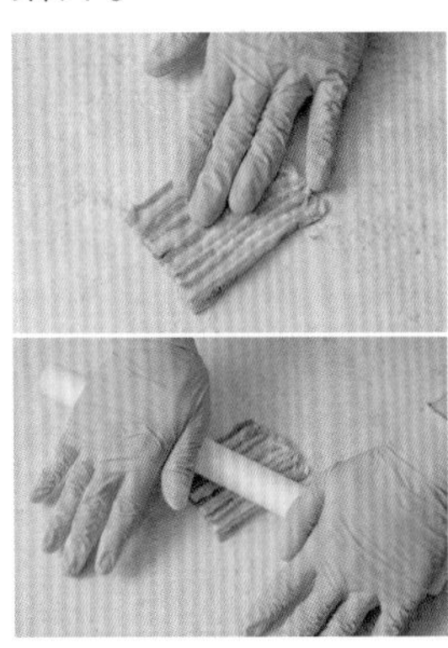

25 在面团上刷上全蛋液，放在美浓皮上。

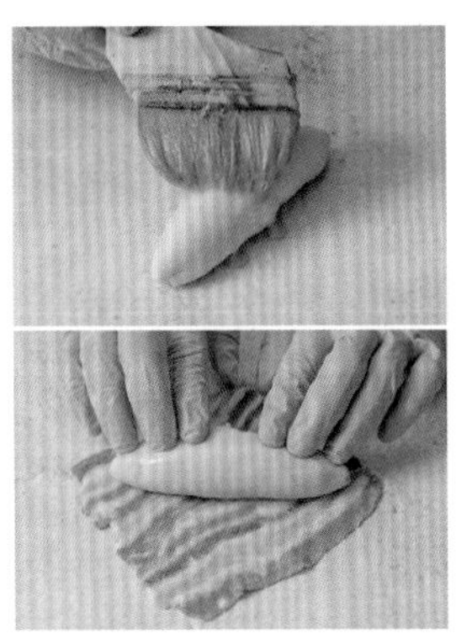

26 把多余的美浓皮修掉，用切面刀铲起美浓皮包覆面团，再整成橄榄形。

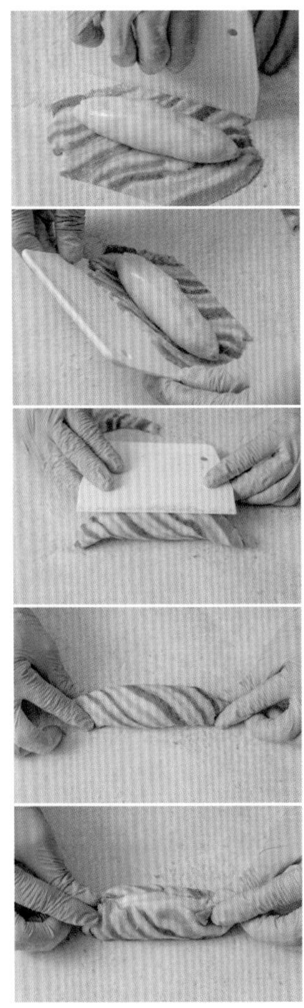

27 喷水，沾上细砂糖。

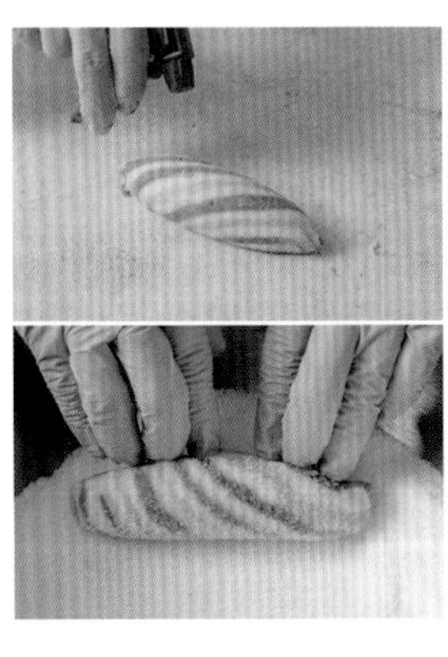

▼

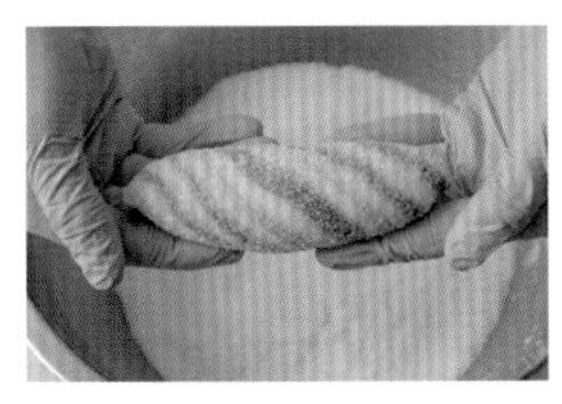

28 将装饰杏仁片贴壁铺入模具中，将模具间距相等地排入不粘烤盘，再放入整形好的面团。

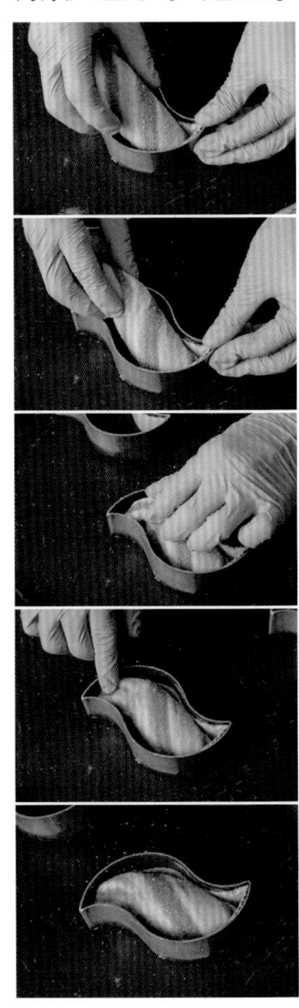

最后发酵

29 参考【产品数据】送入发酵箱发酵，发至模具的七分半满。

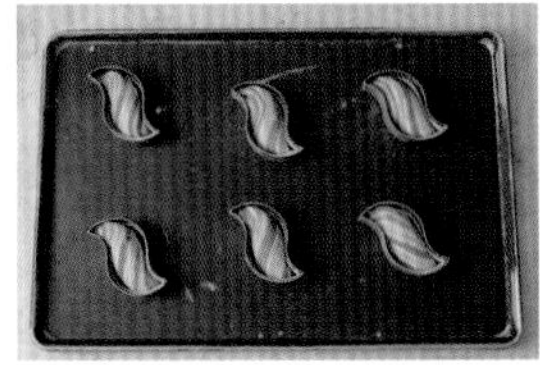

入炉烘烤

30 送入预热好的烤箱，参考【产品数据】烘烤。

★ 烘烤的温度、时间仅供参考，需依烤箱不同微调数据。

31 出炉脱模，插上转印纸杏仁装饰片，完成。

No.42

心心相印

▼ 苹果蔓越莓馅

苹果丁	400g
苹果泥	80g
糖水	80g
蔓越莓干	60g
玉米淀粉	8g
苹果酒	20g

▼ 开心果菠萝酥

低筋面粉	265g
细砂糖	80g
无盐黄油	135g
开心果（切碎）	135g

▼ 产品数据

搅拌基发	详见第 123~124 页紫心美浓菠萝面团制作步骤
分割滚圆	面团 20g，面团 30g（一份面团共 50g）
中间发酵	45 分钟（温度 30℃ / 湿度 85%）
整形作业	详阅内文（20g 面团包入 10g 苹果蔓越莓馅，刷全蛋液，沾上开心果菠萝酥；30g 面团包入 15g 苹果蔓越莓馅。将装饰杏仁片贴壁铺入模具中，再放入整形好的面团）
最后发酵	40~50 分钟（温度 30℃ / 湿度 85%）
入炉烘烤	上火 200℃ / 下火 180℃，烤 12~13 分钟。出炉脱模，插上转印纸杏仁装饰片，以造型纸板遮挡筛上防潮糖粉、覆盆子粉，刷上果胶，沾上开心果碎

制作步骤

苹果蔓越莓馅

1 在不粘锅中加入苹果丁，转中火，苹果丁遇热会出水，煮至收汁。

2 加入苹果泥、糖水、蔓越莓干，煮至收汁。

3 下苹果酒，煮至收汁。

4 关火，再下玉米淀粉快速拌匀，拌至有黏稠度即可（操作速度要快，否则材料会结块）。

开心果菠萝酥

5 所有材料一同拌匀，过筛备用。

搅拌基发

6 面团参考【产品数据】完成搅拌、基本发酵的操作。

分割滚圆

7 参考【产品数据】分割面团，滚圆，间距相等地排入不粘烤盘。

★ 面团需避免重复切割（会破坏面筋），建议以井字形分割。

中间发酵

8 参考【产品数据】，将面团送入发酵箱发酵。

整形作业

9 将中发好的 20g 面团轻轻拍开，再擀开。

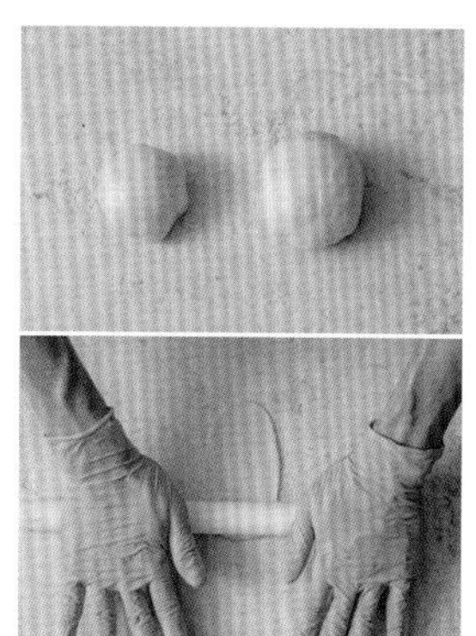

10 翻面，将面团底部压薄，抹上 10g 苹果蔓越莓馅，从上往下收折，捏紧收口处。

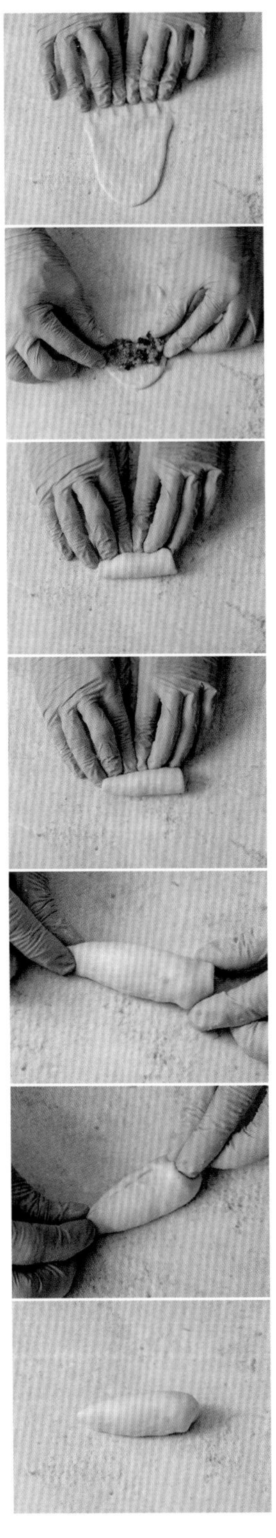

11 刷上全蛋液，沾上开心果菠萝酥。

12 将中发好的 30g 面团轻轻拍开，再擀开。

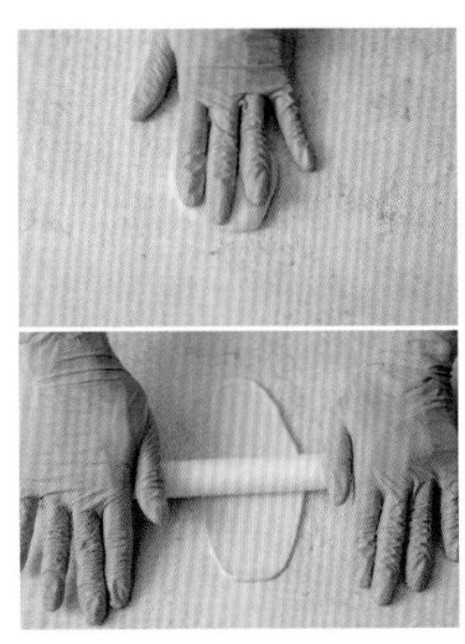

13 翻面，将面团底部压薄，抹上 15g 苹果蔓越莓馅。

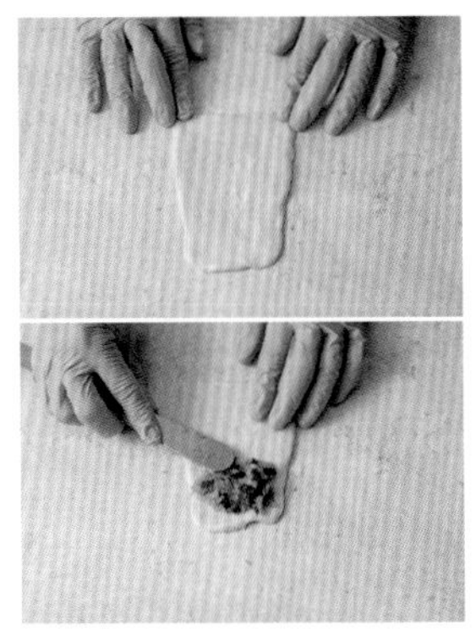

14 在未抹馅的部分切数刀，从上往下收折，捏紧收口处。

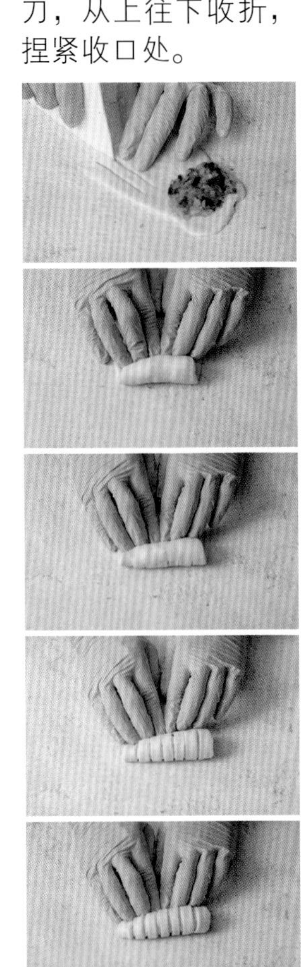

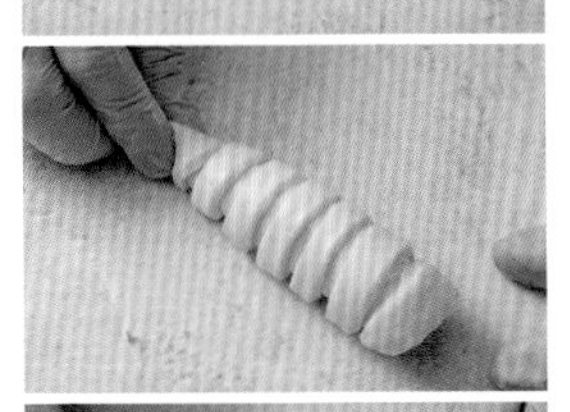

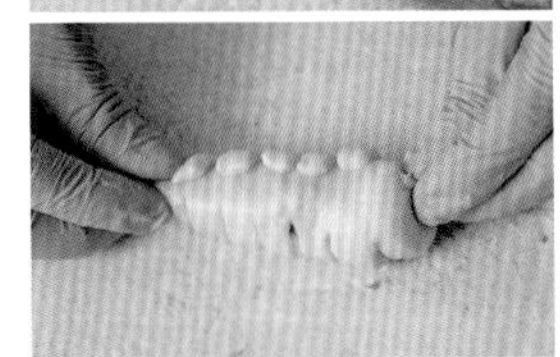

15 将装饰杏仁片贴壁铺入模具中，再放入整形好的面团。

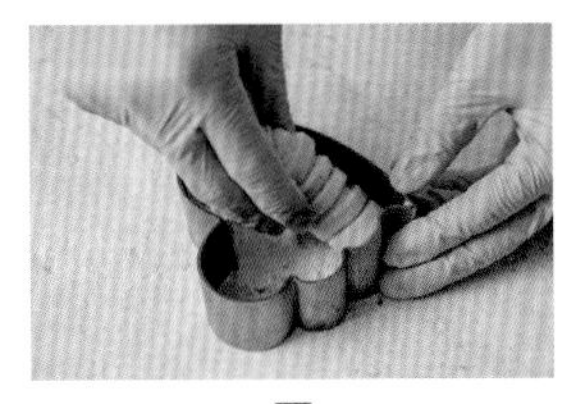

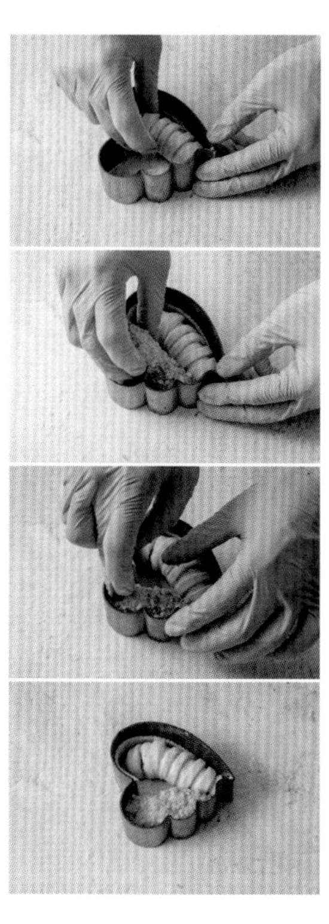

最后发酵

16 参考【产品数据】送入发酵箱发酵，发至模具的七分半满。

入炉烘烤

17 送入预热好的烤箱，参考【产品数据】烘烤。

★ 烘烤的温度、时间仅供参考，需依烤箱不同微调数据。

18 出炉脱模，插上转印纸杏仁装饰片，以造型纸板遮挡筛上防潮糖粉、覆盆子粉，刷上果胶，沾上开心果碎，完成。

WUMAi

No.43

金凤来丹麦

▼ **面团总重 1765g**

	材料名称	重量 / g	烘焙百分比
①	法国粉	1000	100
	海盐	20	2
	细砂糖	130	13
②	水	360	36
	鲜奶	100	10
③	新鲜酵母	45	4.5
④	无盐黄油	100	10
✱	染色：竹炭粉	10	

▼ **凤梨馅**

凤梨干	360
新鲜凤梨片	270
玉米淀粉	15
凤梨酒	38
凤梨果泥	150

做法：

1. 凤梨干泡热水 15 分钟，滤干称重。
2. 将凤梨果泥、凤梨干以中小火加热，煮至收汁。
3. 加入新鲜凤梨煮至收干。
4. 加入凤梨酒煮至微干。
5. 加入玉米淀粉拌匀。
6. 放凉后即可使用。

▼ **产品数据**

搅拌作业	详阅内文（共三份面团，一份取 100g 加竹炭粉染成黑色；一份 100g 维持原始白色；剩余的是裹油面团）
基本发酵	30 分钟（温度 30°C/ 湿度 85%）
冷藏松弛	0~3℃冷藏 12~15 小时
裹油作业	详阅内文（裹油面团裹入 250g 片装无盐黄油）
造型外皮	详阅内文
整形作业	详阅内文（铺凤梨馅 20g）
最后发酵	50 分钟（温度 28℃ / 湿度 75%）
入炉烘烤	上火 220℃ / 下火 180℃，烤 16 分钟。出炉后摆上凤梨片、巧克力装饰片，筛上防潮糖粉，撒上开心果碎

制作步骤

搅拌作业

1 在搅拌缸分区加入材料①干性材料，倒入材料②湿性材料。

2 慢速搅拌 1 分钟，成团后加入材料③。

3 中速打 4~5 分钟，打到均匀，转快速，打至面团柔软有光泽，用手撑开出现厚膜、破口呈锯齿状。

4 加入材料④，转慢速打至黄油吃进面团里，转中速打 2~3 分钟。

5 打至面团完全扩展，用手撑开出现薄膜、破口呈圆润状，搅拌完成温度为 26°C。

6 取 100g 面团两份，一份加入竹炭粉染色；一份维持原始白色。

基本发酵

7 在不粘烤盘上喷上烤盘油（或刷任意油脂），放上面团，取一端 1/3 面团朝中心折。

8 再将已折叠部分向前翻折，将面团转向放置，参考【产品数据】送入发酵箱发酵。

冷藏松弛

9 将面团装入袋子中压平成四方形，参考【产品数据】冷藏松弛 。

裹油作业

10 隔天取出面团压延，中心铺上片装无盐黄油。

11 取1/4面团朝中心折。

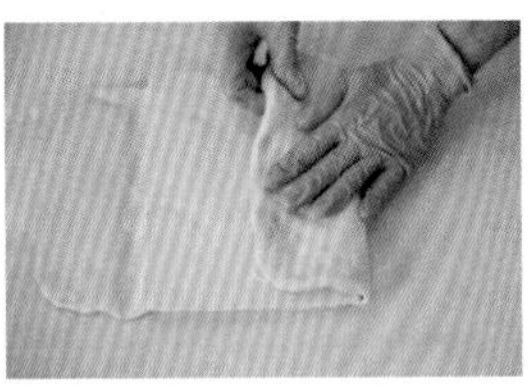

12 取另一端1/4面团也朝中心折，用擀面棍轻压，固定黄油的位置。

13 送入压延机压延后，取一端3/4面团对折。

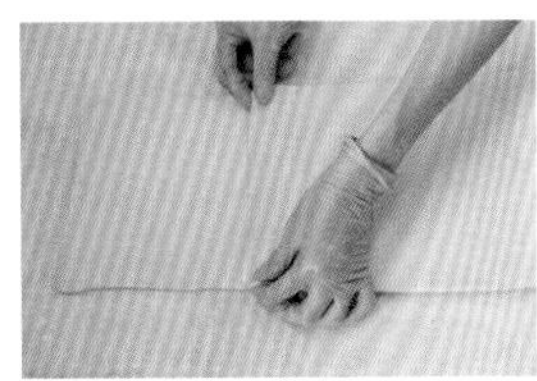

14 取另一端1/4面团对折，再将折好的面团对折。

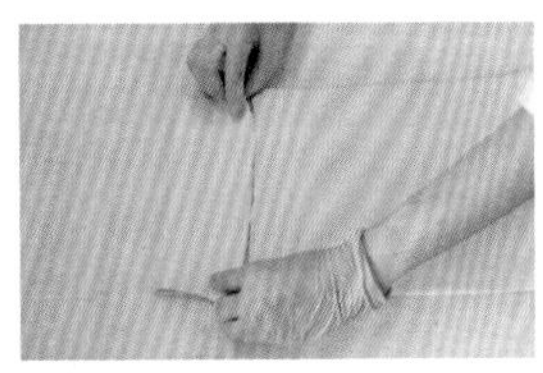

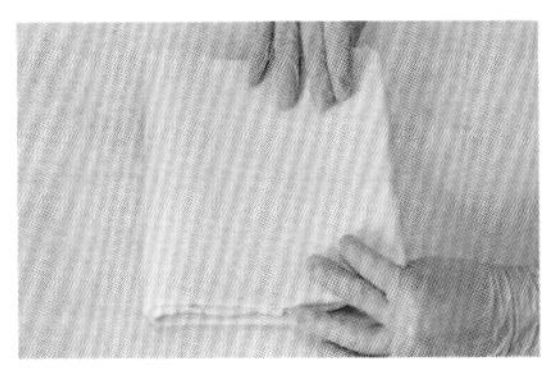

15 侧面如图（此为四折一次），再次压延，收入袋子中，冷藏30分钟。

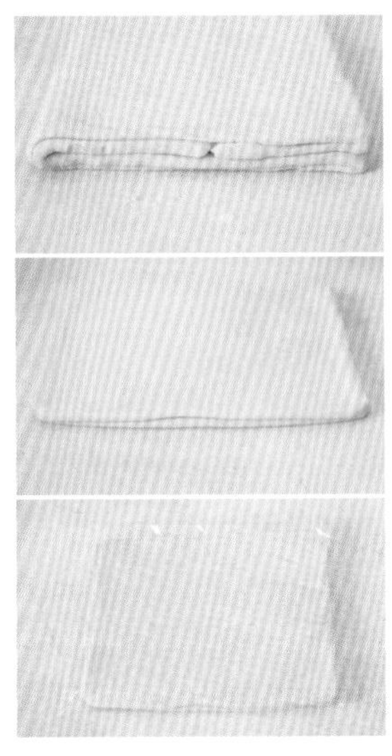

16 再次压延，取一端1/3面团朝中心折。

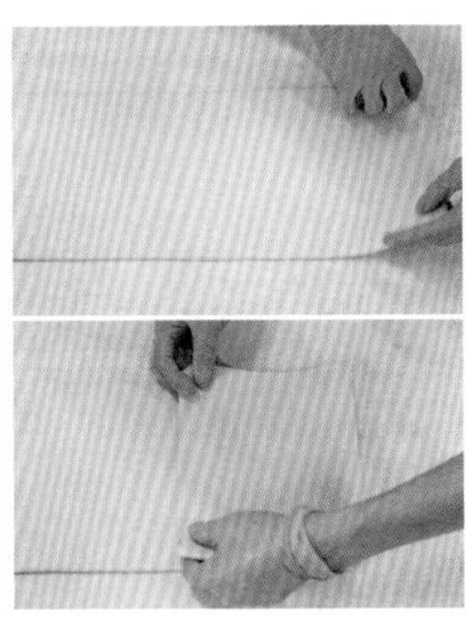

17 取另一端1/3面团也朝中心折（此为三折一次），再次压延，收入袋中冷藏30分钟。

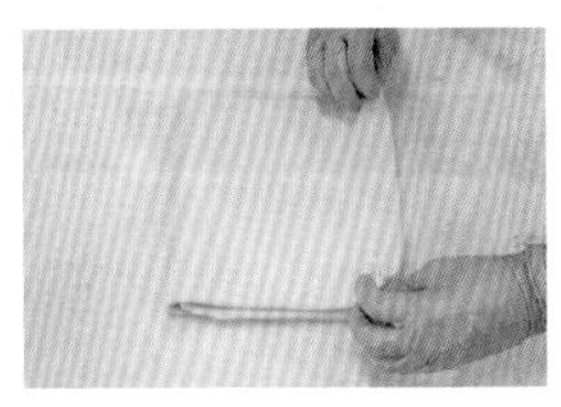

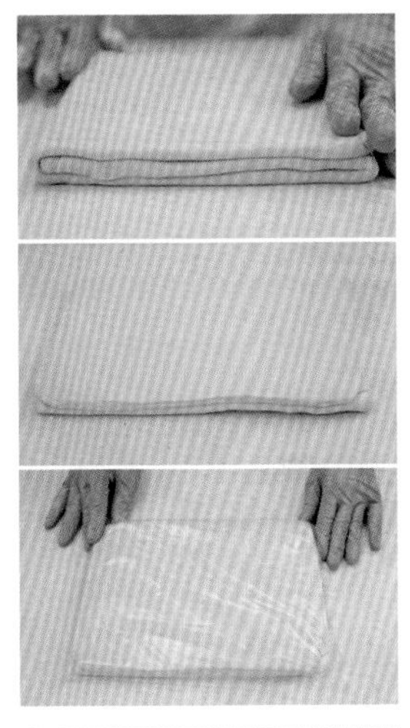

造型外皮

18 分别取100g黑、白面团压延成0.2~0.3cm厚，修剪成相同的长宽大小。

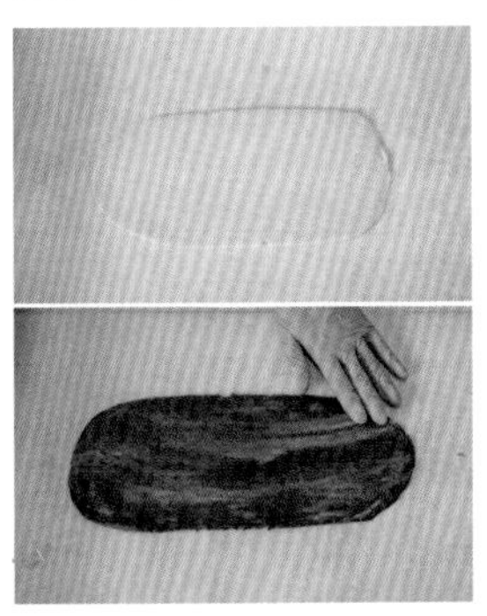

19 黑色面团铺底，喷水，放上白色面团，将叠好的面团底部压薄，从上往下收卷，装入袋子中冷冻备用。

★ 速度要快，否则回温后会不好操作。

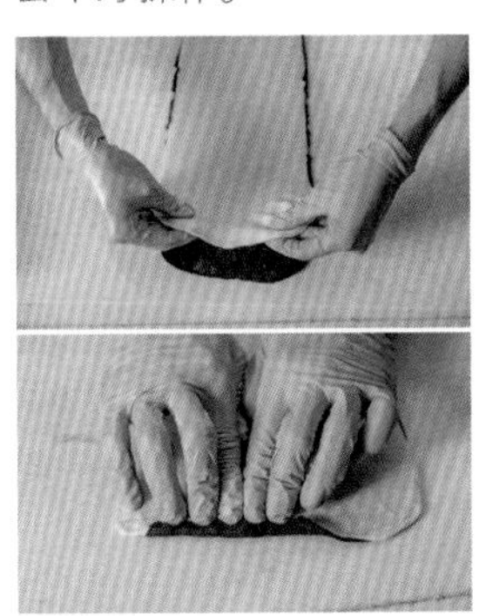

整形作业

20 将卷好、冷冻好的造型外皮取出切片；在裹油面团上喷水，将切片好的造型外皮均匀地铺在上面，用擀面棍略压固定，装入袋子中冷冻60分钟。

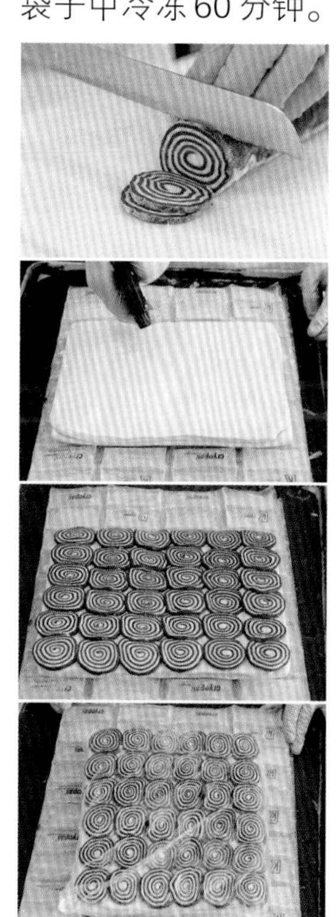

21 取出延压，延压成约0.4cm厚，再冷冻15分钟松弛，放在造型纸板上切割。

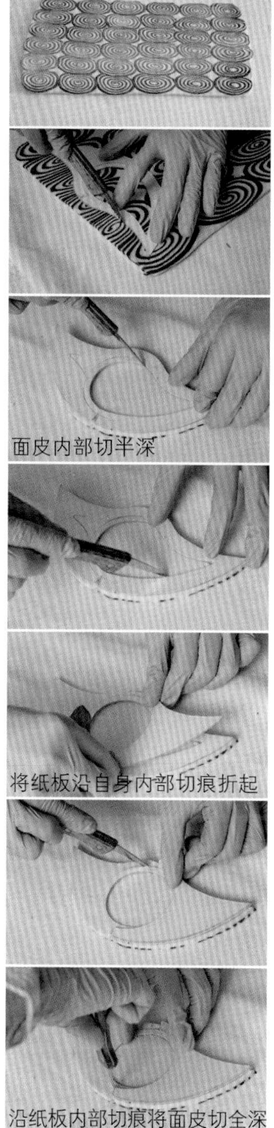

面皮内部切半深

将纸板沿自身内部切痕折起

沿纸板内部切痕将面皮切全深

22 将切半深的面皮拿开，铺凤梨馅20g，在接合部分喷水，再将一端面团拿起对折粘合。

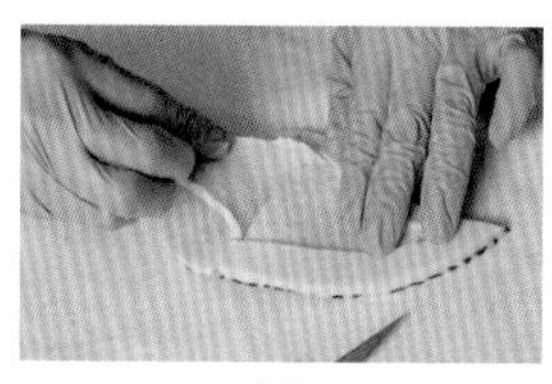

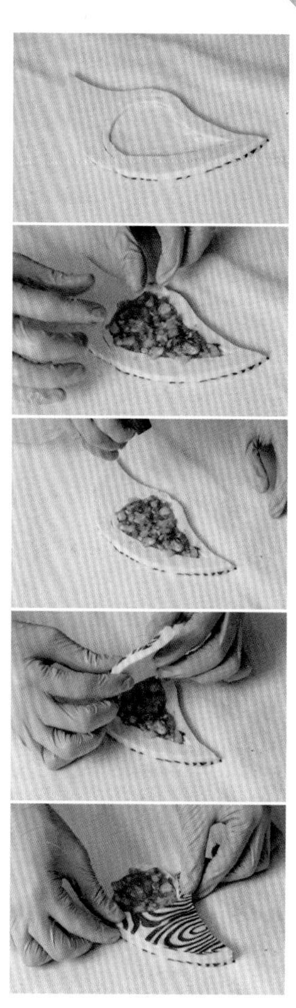

最后发酵

23 间距相等地放入不粘烤盘中，参考【产品数据】送入发酵箱发酵。

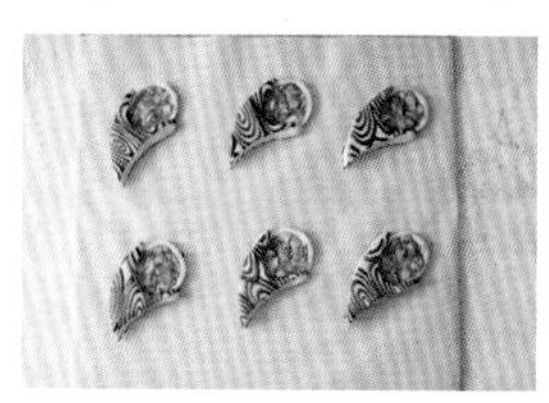

入炉烘烤

24 送入预热好的烤箱，参考【产品数据】烘烤。

★ 烘烤的温度、时间仅供参考，需依烤箱不同微调数据。

25 出炉后摆上凤梨片、巧克力装饰片，筛上防潮糖粉，撒上开心果碎。

著作权合同登记号：图字：132020042号

图书在版编目（CIP）数据

职人心传软式面包 / 黄宗辰著. —福州：福建科学技术出版社，2021.11

ISBN 978-7-5335-6569-5

Ⅰ.①职… Ⅱ.①黄… Ⅲ.①面包－制作 Ⅳ.①TS213.21

中国版本图书馆CIP数据核字（2021）第189703号

书　　名	职人心传软式面包
著　　者	黄宗辰
出版发行	福建科学技术出版社
社　　址	福州市东水路76号（邮编350001）
网　　址	www.fjstp.com
经　　销	福建新华发行（集团）有限责任公司
印　　刷	福建新华联合印务集团有限公司
开　　本	787毫米×1092毫米　1/16
印　　张	9.5
图　　文	152码
版　　次	2021年11月第1版
印　　次	2021年11月第1次印刷
书　　号	ISBN 978-7-5335-6569-5
定　　价	59.00元

书中如有印装质量问题，可直接向本社调换